采气井控培训教材

采气现场操作人员井控技术

中国石油化工集团有限公司西南油气分公司教材编写组 编

中国石化出版社

图书在版编目(CIP)数据

采气现场操作人员井控技术 / 中国石油化工集团有限公司西南油气分公司教材编写组编．—北京：中国石化出版社，2019.7
ISBN 978-7-5114-5342-6

Ⅰ.①采… Ⅱ.①中… Ⅲ.①油气钻井-井控技术-技术培训-教材 Ⅳ.①TE242

中国版本图书馆 CIP 数据核字(2019)第 125239 号

中国石化出版社出版发行

地址:北京市朝阳区吉市口路 9 号
邮编:100020 电话:(010)59964500
发行部电话:(010)59964526
http://www.sinopec-press.com
E-mail:press@sinopec.com
北京柏力行彩印有限公司印刷
全国各地新华书店经销

*

787×1092 毫米 16 开本 8.25 印张 185 千字
2019 年 7 月第 1 版 2019 年 7 月第 1 次印刷
定价:48.00 元

编审委员会

前　言

井控技术是石油与天然气勘探开发技术的重要组成部分，是保证石油与天然气井安全生产的关键技术。随着经济的发展、生活质量的提高，人们对井控安全的要求越来越高。为了更好地落实《中国石化井控管理规定》，进一步做好采气井控工作，按照《中国石油化工集团有限公司井控培训管理规定》对不同培训对象进行分类培训的要求，结合现有的中国石油化工集团有限公司井控培训系列教材中还缺少采气现场操作人员井控培训教材的实际情况，中国石油化工集团有限公司西南油气分公司组织编写了本书。

本书共分为6章，第1章由高劲松、饶朝阳、郭波、杜洋、付先惠、姚广聚、周小飞、张国东、温冬来、李林静编写，第2章由刘琳、文彦、王雨生、鲁光亮、杨睿编写，第3章由张国东、王毅、杜龙飞、陈映奇、庄园、黄守清、唐蜜、卢永编写，第4章由杜青山、陈曦、周小飞、黄守清、李成军编写，第5章由杜青山、罗广祥、邓远平、孙莉、黄守清、李成军、黄文杰、温冬来编写，第6章由卢鹏、许君林、赵哲军、庄园、唐蜜编写。本书已由中国石油化工集团有限公司西南油气分公司审查通过。

本书适用于采气专业现场操作人员的井控技术培训，也可作为采输气技术人员的参考书。在本书编写过程中，得到了中国石油化工集团有限公司高级专家王世泽、黎洪及中国石油化工集团有限公司西南油气分公司有关领导和专家的指导和帮助，在此表示衷心感谢。

由于本书涵盖的内容多、专业性强，不同区域、不同企业之间也存在着差别，编写难度较大，加上编者水平有限，教材中难免有遗漏或欠妥之处，敬请广大读者谅解并提出宝贵意见。

目　　录

第1章　采气基础知识 …… (1)
1.1　气藏知识 …… (1)
1.1.1　气藏概念 …… (1)
1.1.2　气藏分类 …… (1)
1.1.3　气藏驱动方式 …… (4)
1.2　气井知识 …… (4)
1.2.1　气井井身结构 …… (4)
1.2.2　气井的完井方式 …… (6)
1.3　气井主要产出物的性质与危害 …… (10)
1.3.1　天然气 …… (10)
1.3.2　产出水 …… (11)
1.3.3　原油或凝析油 …… (11)
1.3.4　机械杂质 …… (12)
1.4　采气工艺 …… (12)
1.4.1　排水采气工艺 …… (12)
1.4.2　高低压分输采气工艺 …… (16)
1.4.3　增压采气工艺 …… (16)
1.4.4　"三防"工艺 …… (16)
1.5　采气流程 …… (18)
1.5.1　常规气井采气流程 …… (18)
1.5.2　增压采气流程 …… (19)
1.5.3　含硫气井采气流程 …… (20)
第2章　采气井控概述 …… (22)
2.1　采气井控相关术语 …… (22)
2.1.1　采气井控 …… (22)
2.1.2　采气井口异常 …… (22)
2.1.3　采气井口失控 …… (22)
2.1.4　"三高"气井 …… (23)
2.1.5　含硫气井 …… (23)
2.1.6　生产气井 …… (23)
2.1.7　长停井 …… (23)

2.1.8 废弃井 …… (23)
2.2 压力间的平衡关系 …… (23)
2.2.1 压力的相关概念 …… (23)
2.2.2 采气生产的四个流动过程 …… (25)
2.2.3 油管生产的压力平衡关系 …… (26)
2.2.4 套管生产的压力平衡关系 …… (26)
2.2.5 关井压力恢复后的平衡关系 …… (26)
2.3 气井失控原因 …… (26)
2.3.1 井下原因 …… (27)
2.3.2 地面装置原因 …… (27)
第3章 井控设备 …… (28)
3.1 井控设备概述 …… (28)
3.1.1 井控设备的概念 …… (28)
3.1.2 井控设备的组成 …… (28)
3.2 井口装置 …… (28)
3.2.1 采气树 …… (30)
3.2.2 油管头 …… (32)
3.2.3 套管头 …… (32)
3.3 地面高低压截断系统 …… (33)
3.3.1 地面高低压自动截断系统组成 …… (33)
3.3.2 地面高低压自动截断系统的用途 …… (34)
3.3.3 地面高低压自动截断系统工作原理 …… (34)
3.3.4 故障处理 …… (35)
3.4 井口安全控制系统 …… (36)
3.4.1 井下安全截断阀 …… (36)
3.4.2 井口安全截断阀 …… (37)
3.4.3 井口控制柜 …… (38)
3.5 点火装置 …… (40)
3.5.1 点火系统组成 …… (40)
3.5.2 点火方式 …… (41)
3.5.3 着熄火判定 …… (42)
3.6 压井系统 …… (42)
第4章 井控管理 …… (44)
4.1 投产准备 …… (44)
4.1.1 人员准备 …… (44)
4.1.2 设备准备 …… (44)
4.1.3 资料准备 …… (45)

4.1.4 制度准备 …… (45)
4.1.5 开井准备 …… (45)
4.2 采气井控管理流程 …… (45)
4.3 日常巡检内容 …… (46)
4.3.1 非含硫生产井日常巡检内容 …… (46)
4.3.2 含硫生产井日常巡检内容 …… (46)
4.3.3 长停井日常巡检内容 …… (48)
4.3.4 废弃井日常巡检内容 …… (48)
4.4 井控记录内容 …… (48)
4.4.1 非含硫生产井记录内容 …… (48)
4.4.2 含硫生产井记录内容 …… (49)
4.4.3 长停井记录内容 …… (50)
4.4.4 废弃井记录内容 …… (50)
4.5 异常处置 …… (50)
第5章 井控操作 …… (58)
5.1 生产阀门的更换操作 …… (58)
5.1.1 准备工作 …… (58)
5.1.2 操作步骤 …… (59)
5.1.3 技术要求 …… (59)
5.1.4 考核标准 …… (59)
5.2 油嘴的更换操作 …… (60)
5.2.1 准备工作 …… (60)
5.2.2 操作步骤 …… (61)
5.2.3 技术要求 …… (61)
5.2.4 考核标准 …… (62)
5.3 针形阀的更换操作 …… (62)
5.3.1 准备工作 …… (62)
5.3.2 操作步骤 …… (62)
5.3.3 技术要求 …… (63)
5.3.4 考核标准 …… (63)
5.4 平衡罐加药操作 …… (64)
5.4.1 准备工作 …… (64)
5.4.2 操作步骤 …… (64)
5.4.3 技术要求 …… (65)
5.4.4 考核标准 …… (65)
5.5 井口压力表的更换操作 …… (66)
5.5.1 准备工作 …… (66)

5.5.2 操作步骤……………………………………………………………………………………（66）
5.5.3 技术要求……………………………………………………………………………………（66）
5.5.4 考核标准……………………………………………………………………………………（67）
5.6 高压气井开井操作…………………………………………………………………………（68）
5.6.1 准备工作……………………………………………………………………………………（68）
5.6.2 操作步骤……………………………………………………………………………………（68）
5.6.3 技术要求……………………………………………………………………………………（68）
5.6.4 考核标准……………………………………………………………………………………（68）
5.7 高压气井关井操作…………………………………………………………………………（69）
5.7.1 准备工作……………………………………………………………………………………（69）
5.7.2 操作步骤……………………………………………………………………………………（69）
5.7.3 技术要求……………………………………………………………………………………（69）
5.7.4 考核标准……………………………………………………………………………………（70）
5.8 含硫气井开井操作…………………………………………………………………………（70）
5.8.1 准备工作……………………………………………………………………………………（70）
5.8.2 操作步骤……………………………………………………………………………………（71）
5.8.3 技术要求……………………………………………………………………………………（71）
5.8.4 考核标准……………………………………………………………………………………（71）
5.9 含硫气井关井操作…………………………………………………………………………（72）
5.9.1 准备工作……………………………………………………………………………………（72）
5.9.2 操作步骤……………………………………………………………………………………（72）
5.9.3 技术要求……………………………………………………………………………………（73）
5.9.4 考核标准……………………………………………………………………………………（73）
5.10 井口固体泡排棒加注操作 ………………………………………………………………（73）
5.10.1 准备工作 …………………………………………………………………………………（73）
5.10.2 操作步骤 …………………………………………………………………………………（74）
5.10.3 技术要求 …………………………………………………………………………………（74）
5.10.4 考核标准 …………………………………………………………………………………（74）
5.11 含硫气井环空泄压操作 …………………………………………………………………（75）
5.11.1 准备工作 …………………………………………………………………………………（75）
5.11.2 操作步骤 …………………………………………………………………………………（75）
5.11.3 技术要求 …………………………………………………………………………………（76）
5.11.4 考核标准 …………………………………………………………………………………（76）
5.12 长停井的应急泄压处理操作 ……………………………………………………………（77）
5.12.1 准备工作 …………………………………………………………………………………（77）
5.12.2 操作步骤 …………………………………………………………………………………（77）
5.12.3 技术要求 …………………………………………………………………………………（78）

5.12.4 考核标准 …… (78)
5.13 采气树维护保养操作 …… (79)
5.13.1 准备工作 …… (79)
5.13.2 操作步骤 …… (79)
5.13.3 技术要求 …… (80)
5.13.4 考核标准 …… (81)
5.14 井口安全控制系统操作 …… (81)
5.14.1 准备工作 …… (81)
5.14.2 操作步骤 …… (82)
5.14.3 技术要求 …… (85)
5.14.4 考核标准 …… (85)
5.15 泡沫排水施工操作 …… (86)
5.15.1 准备工作 …… (86)
5.15.2 操作步骤 …… (87)
5.15.3 技术要求 …… (87)
5.15.4 考核标准 …… (88)
5.16 缓蚀剂加注操作 …… (88)
5.16.1 准备工作 …… (88)
5.16.2 操作步骤 …… (89)
5.16.3 技术要求 …… (89)
5.16.4 考核标准 …… (90)
5.17 车载气举操作 …… (90)
5.17.1 准备工作 …… (90)
5.17.2 操作步骤 …… (91)
5.17.3 技术要求 …… (92)
5.17.4 考核标准 …… (93)
5.18 CNG 槽车气举操作 …… (94)
5.18.1 准备工作 …… (94)
5.18.2 操作步骤 …… (94)
5.18.3 技术要求 …… (95)
5.18.4 考核标准 …… (96)
5.19 环空保护液加注操作 …… (96)
5.19.1 准备工作 …… (96)
5.19.2 操作步骤 …… (97)
5.19.3 技术要求 …… (97)
5.19.4 考核标准 …… (97)
5.20 数据采集与传输操作(HMI) …… (98)

5.20.1　SCADA 操作系统功能介绍 …………………………………………………………（98）
5.20.2　SCADA 操作系统的界面监控与操作 ……………………………………………（101）
第6章　采气井控案例 ……………………………………………………………………（108）
案例一　M103 井地表窜气事故 ………………………………………………………（108）
案例二　YB1-1H 井环空异常起压事件 ………………………………………………（109）
案例三　X851 井抢险压井事件 ………………………………………………………（110）
案例四　DY103 井采气树本体裂纹事故 ………………………………………………（112）
案例五　XS23-14HF 井采油树阀门故障 ………………………………………………（114）
案例六　SL6 井井口着火事故 …………………………………………………………（115）
案例七　DP12 井事件 ……………………………………………………………………（116）
案例八　CY189 井井口泄压事件 ………………………………………………………（117）
参考文献 ……………………………………………………………………………………（119）

第1章　采气基础知识

1.1　气藏知识

1.1.1　气藏概念

圈闭：一种能阻止油气继续运移并能在其中聚集的场所。

油藏：圈闭中只有石油的聚集。

气藏：圈闭中只有天然气的聚集。

油气藏：圈闭中既有油也有气的聚集。

商业性油气藏(工业性油气藏)：在一定的政治、技术、经济条件下，具有商业开采价值的油气藏。

油气藏形成的基本条件：①具有充足的油气来源；②具备有利的生储盖组合；③具备有效的圈闭；④具备必要的保存条件。

油气藏的分布如图1-1所示。

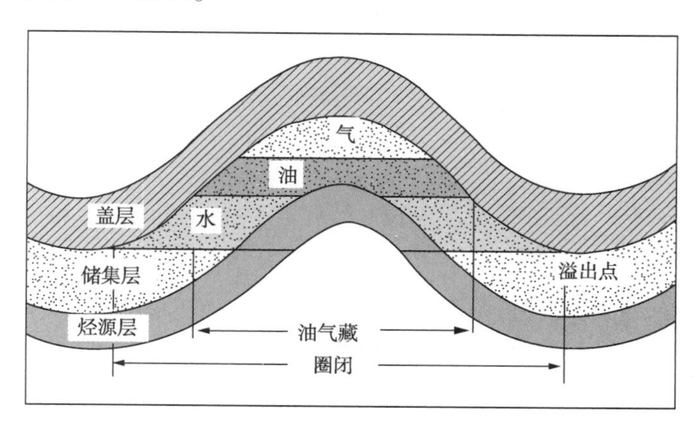

图1-1　油气藏分布示意图

1.1.2　气藏分类

1.1.2.1　按圈闭类型分类

按圈闭类型将气藏分为构造气藏、岩性气藏、地层气藏和裂缝气藏四类，再细分为背斜气藏等十个亚类(表1-1)。

表 1-1 气藏按圈闭类型分类

类	亚类	类	亚类
构造气藏	背斜气藏	地层气藏	不整合气藏
	断块气藏		古潜山气藏
岩性气藏	透镜体气藏		古岩溶气藏
	岩性封闭气藏	裂缝气藏	多裂缝系统气藏
	生物礁气藏		单裂缝系统气藏

1.1.2.2 按储层岩石类型分类

按储层岩石类型将气藏分为碎屑岩气藏、碳酸盐岩气藏、泥质岩气藏、火成岩气藏和煤层甲烷气藏五类，再细分为砂岩气藏等九个亚类(表 1-2)。

表 1-2 气藏按储层岩石类型分类

类	亚类	类	亚类
碎屑岩气藏	砂岩气藏	火成岩气藏	火山岩气藏
	砾岩气藏		
碳酸盐岩气藏	石灰岩气藏		变质岩气藏
	白云岩气藏		
泥质岩气藏	泥岩气藏	煤层甲烷气藏	煤层甲烷气藏
	页岩气藏		

1.1.2.3 按地层压力系数分类

按地层压力系数(α_p)大小将气藏分为低压、常压、高压和超高压气藏，分类标准见表 1-3。

地层压力系数按式(1-1)计算。

$$\alpha_p = \frac{P_p}{P_h} \tag{1-1}$$

式中，α_p 为地层压力系数；P_p 为气藏原始地层压力，MPa；P_h 为气藏中部静水柱压力，MPa。

表 1-3 气藏按地层压力系数分类

类	低压气藏	常压气藏	高压气藏	超高压气藏
地层压力系数	<0.9	0.9~1.3	1.3~1.8	>1.8

1.1.2.4 按相态因素分类

按天然气藏地层条件下的压力-温度相态可分为干气藏、湿气藏、凝析气藏、水溶性气藏和水化物气藏五类。

干气藏：储层气组成中部含常温常压条件下液态烃(C5 以上)组分，开采过程中地下储层内和地面分离器中均无凝析油产出，通常甲烷含量大于 95%，气体相对密度小于 0.65。

湿气藏：气藏衰竭式开采时储层中不存在反凝析现象，其流体在地下始终为气态，而地面分离器内可有凝析油析出，但含量较低，一般小于 50g/m^3。

凝析气藏：在初始储层条件下流体呈气态，储层温度处于压力-温度相图的临界温度与最大凝析温度之间。在衰竭式开采时储层中存在反凝析现象，地面有凝析油产出。

水溶性气藏：烃类气体在地层条件下溶于地层水之中，形成的具有工业开采价值的气藏。

水化物气藏：烃类气体与水在储层条件下呈固态存在，具有工业开采价值的气藏。

1.1.2.5 按天然气组分因素分类

可以根据硫化氢(H_2S)、二氧化碳(CO_2)和氮气(N_2)等含量的不同进行分类。

(1) 按硫化氢(H_2S)含量大小将气藏分为微含硫化氢、低含硫化氢、中含硫化氢、高含硫化氢、特高含硫化氢和硫化氢气藏，分类标准见表 1-4。

表 1-4 含硫化氢气藏分类

类	微含硫化氢	低含硫化氢	中含硫化氢	高含硫化氢	特高含硫化氢	硫化氢气藏
硫化氢含量/(g/m^3)	<0.02	0.02~5.0	5.0~30.0	30.0~150.0	150.0~770.0	>770.0
硫化氢百分含量/%	<0.0013	0.0013~0.3	0.3~2.0	2.0~10.0	10.0~50.0	≥50.0

(2) 按二氧化碳含量大小将气藏分为微含二氧化碳、低含二氧化碳、中含二氧化碳、高含二氧化碳、特高含二氧化碳和二氧化碳气藏，分类标准见表 1-5。

表 1-5 含二氧化碳气藏分类

类	微含二氧化碳	低含二氧化碳	中含二氧化碳	高含二氧化碳	特高含二氧化碳	二氧化碳气藏
二氧化碳百分含量/%	<0.01	0.01~2.0	2.0~10.0	10.0~50.0	50.0~70.0	≥70.0

(3) 按氮气含量大小将气藏分为微含氮气、低含氮气、中含氮气、高含氮气、特高含氮气和氮气气藏，分类标准见表 1-6。

表 1-6 含氮气气藏分类

类	微含氮气	低含氮气	中含氮气	高含氮气	特高含氮气	氮气气藏
氮气百分含量/%	<2.0	2.0~5.0	5.0~10.0	10.0~50.0	50.0~70.0	≥70.0

1.1.2.6 按天然气地质储量分类

按气藏探明地质储量大小将气藏分为极小气藏、小气藏、中等气藏、大气藏和特大气藏，划分方法见表 1-7。

表 1-7 探明地质储量分类

类	地质储量/(×10^{8}m^3)	类	地质储量/(×10^{8}m^3)
极小气藏	<10	大气藏	300~1000
小气藏	10~50	特大气藏	≥1000
中等气藏	50~300		

1.1.2.7　按产出气相中凝析油含量分类

根据产出气相中凝析油含量对凝析气藏划分为五类，划分标准见表1-8。

表1-8　凝析气藏分类表

类　型	凝析油含量/(g/m^3)	类　型	凝析油含量/(g/m^3)
特高凝析油凝析气藏	>600	低含凝析油凝析气藏	50~100
高含凝析油凝析气藏	250~600	微含凝析油凝析气藏	<50
中含凝析油凝析气藏	100~250		

1.1.3　气藏驱动方式

油气藏的驱动类型是指油气藏开采过程中主要依靠哪一种动力驱动流体产出。油气驱动动力有流体和岩石的弹性能、流体的静压力等。由于油气储集在岩石的孔隙中，本身具有压力，地层又往往含水，所以驱动油气产出的动力不是单一的，我们把主要的驱动能量形式称为该油气藏的驱动类型。

气藏的驱动方式一般分为弹性气压驱动和水压驱动两种。

1.1.3.1　弹性气压驱动

当气藏为一封闭系统，在封闭系统内无边底水存在时，气藏开采的天然能量仅仅是靠天然气自身的弹性能量膨胀而驱动气体流入井中。因此，这种驱动方式是靠气藏内能消耗而采气的，故采气时地层压力会下降。在气田达到废弃压力之前，它可以一直采气。所谓废弃压力是指气井所采气量仍可支付各种操作费用的最低压力。代表废弃压力的直线与气藏能量消耗曲线的交点所反映的则是气藏最终有经济价值的采收率。

1.1.3.2　水压驱动

根据边(底)水的能量性质与其移动速度的不同，可将水压驱动分为弹性水压驱动和刚性水压驱动两种。

在气藏开发过程中，由于含水层的岩石和流体的弹性能量较大，边水或底水的影响就大，气藏的储气孔隙体积要缩小，地层压力下降要比气驱缓慢，这种驱动方式称为弹性水驱。

侵入气藏边、底水能量完全补偿了从气藏中采出的气产量，此时气藏压力能保持原始水平，这种驱动方式称为刚性水驱，它可看作是弹性水驱的特例。

1.2　气井知识

1.2.1　气井井身结构

1.2.1.1　气井井身结构概念

气井井身结构是指气井地面及地下部分的结构，主要包括：采气树、油管头、套管头、油管柱(含滑套、封隔器、油管鞋、筛管等)尺寸及下入深度、下入井内的套管层次、各层套管的尺寸和下深，各层套管相应的钻头尺寸、管外水泥返高和完井方法等。通常用井身结构图来表示，它是气井地下部分结构的示意图(图1-2)。

1.2.1.2　气井井身结构的设备组成

采气树：指井口装置中油管头以上的部分。主要由总闸门、四通、油管闸门、针型阀、测压闸门、套管闸门组成，它是进行开、关井，调节压力、气量，循环压井，下压力计测压和测量井口压力等作业的主要装置。

导管：一段大直径的短套管，用在井场上和其他特定环境下，其主要作用是保持井口敞开，防止钻井液冲出表面地层，可将上溢的钻井液传输到地面。

表层套管：是下入井内的第一层套管，用于封隔地表附近不稳定的地层或水层，安装井口防喷器和支撑技术套管的重量。表层套管一般下入几十米至几百米。

技术套管：是下入井内表层套管和油层套管之间多层套管的统称，用来封隔表层套管以下至钻开油气层以前易垮塌的松散地层、水层、漏层，或非钻探目的的中间油气层，以保证钻至目的层。技术套管外面的固井液要求返至需要封隔的最上部地层100m左右，为防止高压气井窜气，固井液要返至地面。

油层套管：是下入井内的最后一层套管，用来把油气层和其他层隔开，同时建立起一条从油气层到地面的油气通道，其上安装采气树，以控制气井。

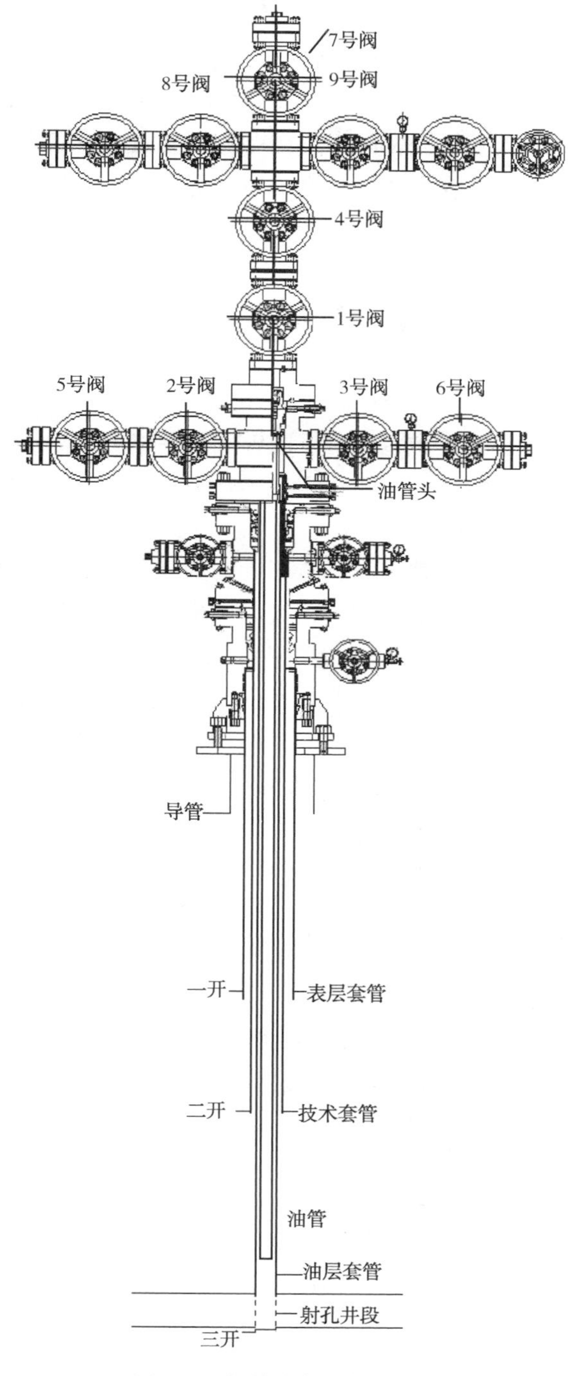

图1-2　气井井身结构示意图

油管头：是连接最上层套管头和采油(气)树，以悬挂油管及密封油管和套管之间环形空间的装置部件。油管头位于套管头上面，包括套管四通和油管悬挂器。其作用是悬挂下入井内的油管、井下工具，密封油套环行空间。

油管柱：由油管挂、油管、筛管、油管鞋及井下工具组成。

(1) 油管挂又称锥管挂，坐在油管头内悬挂油管，密封油管与套管环形空间。

(2) 油管是垂直悬挂在井里的钢制空心管柱，油管一般下到气层中部，但对裸眼完井，只能下到套管鞋，以防止在裸眼中被地层垮塌物卡住。

(3) 筛管由油管钻孔制成，钻孔孔径 10~12mm，孔眼的总面积要求大于油管的横断面积。

(4) 油管鞋位于管柱底部，根据需要可以是不同的工具，如喇叭口、通井规、光油管等。

管串工具：主要由井下安全阀、滑套、封隔器组成。

(1) 井下安全阀(SSSV)是井中流体非正常流动的控制装置，在生产设施发生火警、管线破裂等非正常状况时，能够实现井中流体的流动控制，是完井生产管柱的重要组成部件。

(2) 滑套的主要作用在于连通油管和套管，是水力压裂和采气生产过程中常用的配套工具。

(3) 封隔器是指具有弹性密封元件，并借此封隔各种尺寸管柱与井眼之间以及管柱之间环形空间，隔绝产层以控制产出或注入，保护套管的井下工具。

1.2.1.3 不同类型气井的井身结构

随着石油钻井工艺技术的发展和对常规气藏、酸性气藏、非常规气藏(页岩气)开发的需要，各类气藏采气井井身结构也有一定的区别。

1. 常规气井的井身结构

常规气井的井身结构比较简单，一般由套管、导管、油管柱组成(图 1-2)。

2. 高压含硫气井的井身结构

高压含硫气井同常规采气井井身结构的区别在于，井下油管柱中油管的材质不一样，含硫采气井油管材质采用的是抗硫化氢腐蚀管材，油管柱上安装封隔器和井下安全阀(图 1-3)。

3. 页岩气气井的井身结构

页岩气气井井身主要采用水平井完井，通常采用大通径(主通径 180mm)采气树(图 1-4)。

1.2.1.4 环空

在采气过程中，涉及一些设施设备所形成的环形空间简称环空，比较常见的有油管与生产套管之间的环管和不同开次的套管与套管之间的环空。根据这些环形空间所处的位置，由内到外依次表示为 A 环空、B 环空、C 环空……。A 环空是指油管和生产套管之间的环空，B 环空是指生产套管与其外层套管之间的环空；C 环空以及往后的环空同理依次表示每层套管和与之相邻的上一层套管之间的环空，具体如图 1-5 所示。

1.2.2 气井的完井方式

气井的完井方式是指钻开目的层位的工艺方法及该部位的井身结构。目前国内外完井方式有多种类型，但都有其各自的适用条件和局限性，最常见的完井方式有三种：裸眼完井、割缝衬管完井和射孔完井。

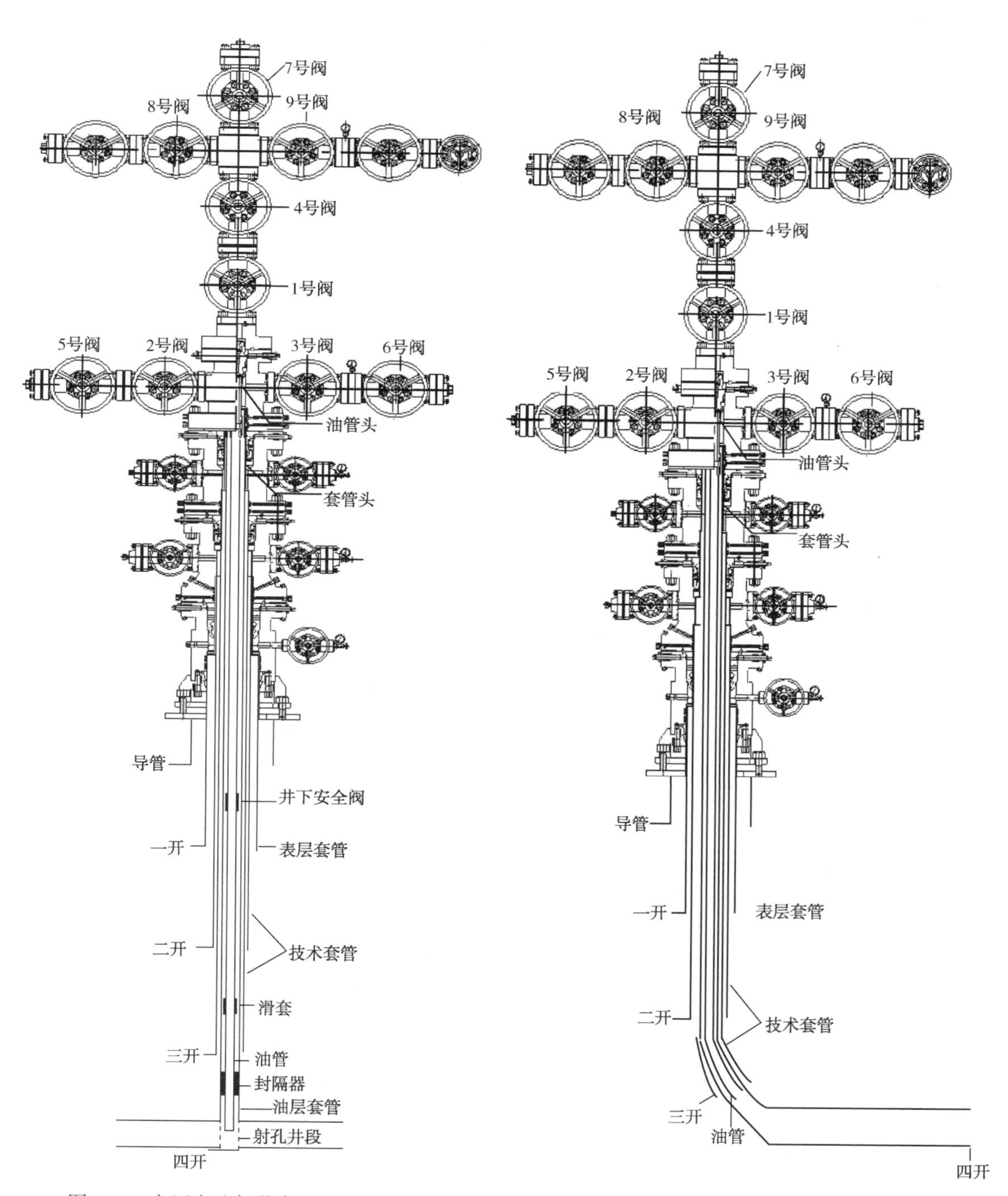

图 1-3　高压含硫气井完井管柱示意图

图 1-4　页岩气气井完井管柱示意图

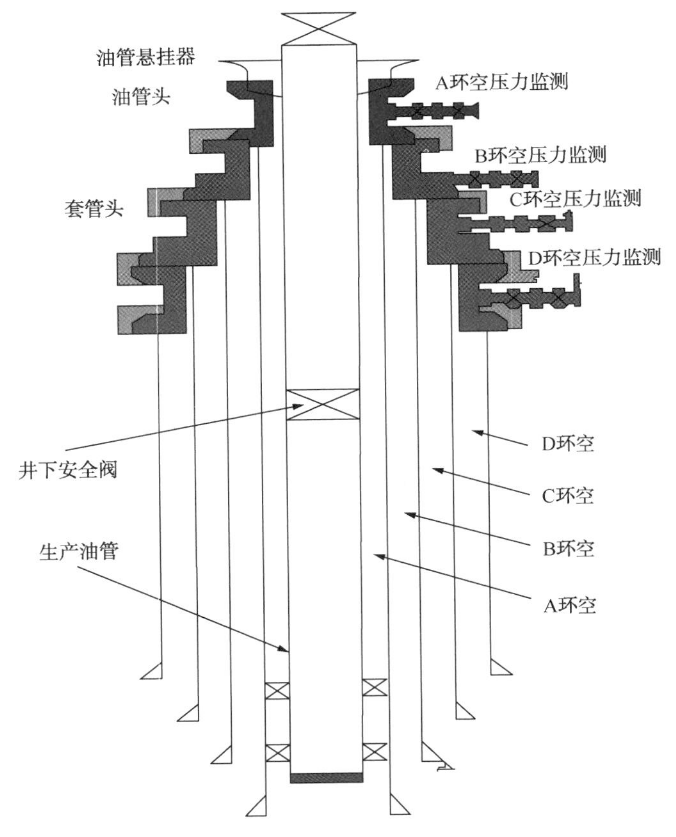

图 1-5 环空编号示意图

1.2.2.1 裸眼完井

裸眼完井是套管下至生产层顶部进行固井、生产层段裸露的完井方法。裸眼完井又分为先期裸眼完井(图 1-6)和后期裸眼完井(图 1-7)。

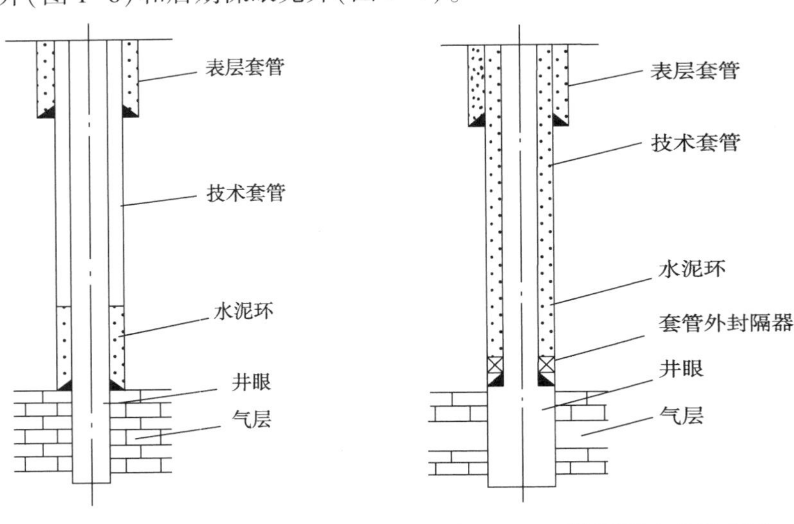

图 1-6 先期裸眼完井示意图　　图 1-7 后期裸眼完井示意图

裸眼完井的最主要特点是油气层完全裸露，气层具有最大的渗流面积。但其局限性较大，不能满足气井进行选择性储层改造施工所需的条件，因而主要用于坚硬不易垮塌的无夹层水的裂缝性石灰岩气层，有利于气井的开发。

1.2.2.2　割缝衬管完井

割缝衬管完井在完井时需在裸眼井段下入一段衬管，衬管下过产层，并在生产套管中超覆部分长度，针对各产层井段，在衬管相应部位采用长割缝或钻孔，使气层的气体从缝或孔眼流入井底。

割缝衬管完井方式有两种完井工序。一种是用同一尺寸钻头钻穿油层后，套管柱下端连接衬管下入油层部位，通过套管外封隔器和注水泥接头固井封隔油层顶界以上的环形空间(图 1-8)。另一种是钻头钻至油层顶部后，先下技术套管注水泥固井，再从技术套管中下入直径小一级的钻头钻穿油层至设计井深，然后在技术套管尾部悬挂并密封割缝衬管完井(图 1-9)。

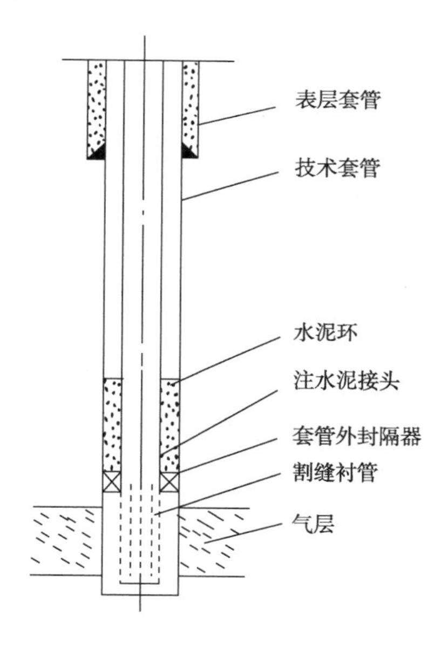

图 1-8　割缝衬管完井示意图一

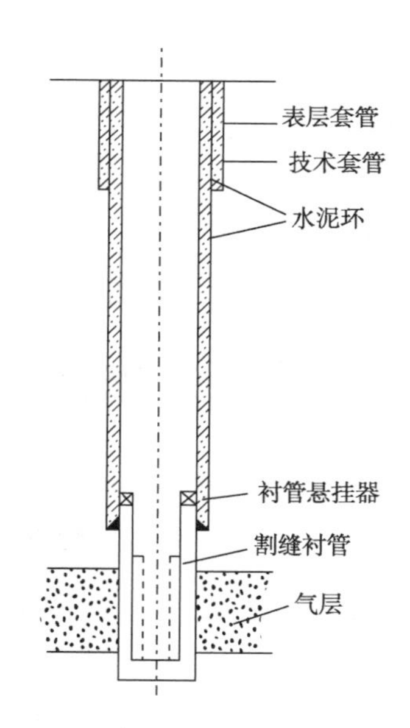

图 1-9　割缝衬管完井示意图二

1.2.2.3　射孔完井

射孔完井指在产层阶段下入油层套管，用水泥封固产层后再用专用的射孔工具将套管、水泥石射穿，并射穿部分产层岩石形成油气流的通道，连通产层和井筒的完井方法，也就是封闭式井底结构的完井方法。射孔完井可分为套管射孔完井(图 1-10)和尾管射孔完井(图 1-11)两种。

套管射孔完井既可选择性地射开不同压力、不同物性的气层，以避免层间干扰，还可避开夹层水和底水，避开夹层的坍塌，具备实施分层注、采和选择性压裂或酸化等分层作业的条件。

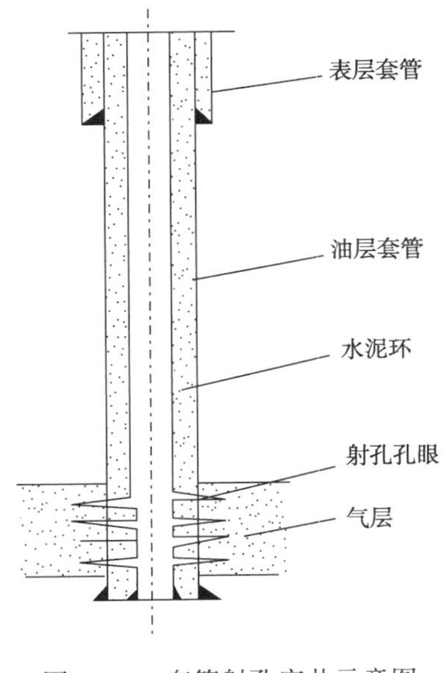

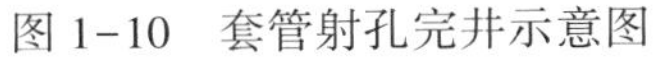
图 1-10　套管射孔完井示意图

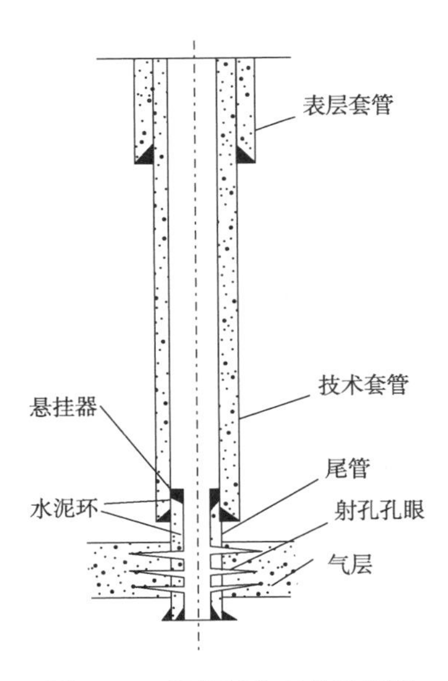

图 1-11　尾管射孔完井示意图

由于尾管射孔完井在钻开气层以前上部地层已被技术套管封固，因此，可以采用与气层相配伍的钻井液以平衡压力、欠平衡压力的方法钻开气层，有利于保护产层。此外，这种完井方式可以减少套管重量和气井水泥的用量，从而降低完井成本，目前产层较深的气井大多采用此方法完井。

1.3　气井主要产出物的性质与危害

采气生产中，气井主要产出物质有天然气、产出水、原油或凝析油、机械杂质等，正确认识这些产出物的性质与危害，对于安全生产、环境保护及人员健康都有着重要的意义。

1.3.1　天然气

天然气是以碳氢化合物为主的可燃性混合气体，以甲烷为主，占总体积的 85%以上，其次是乙烷、丙烷、丁烷等。此外还含有少量其他物质，如氮气、硫化氢、二氧化碳、水汽、氧气、有机硫等。采气作业中天然气的危害主要表现在以下几个方面。

(1) 引发火灾和爆炸。天然气遇明火时，可能引发火灾。在常温常压下，当天然气与空气混合物达到 5%~15%时，在遇火源的情况下可能产生爆炸的危害。

(2) 使人和动物中毒。当天然气中含有硫化氢有毒气体时，由于井喷、跑、冒、滴、漏等原因，使工作环境充满了有毒气体，在无防护措施的情况下将对人和动物形成中毒风险。另外当所处环境天然气浓度很高时，氧的含量相对较少，会出现虚弱、眩晕(最初可出现头痛、头晕、乏力)等脑缺氧症状，症状进一步加重，可迅速发生嗜睡、昏迷等症状。

(3) 腐蚀生产设施。当天然气中含有硫化氢或二氧化碳时，在潮湿环境下，天然气可能对生产设施产生腐蚀的危害。潮湿硫化氢环境下对金属的腐蚀形式有电化学腐蚀、硫化物应力腐蚀开裂和氢脆等。

（4）污染环境。当天然气中含有硫化氢、有机硫等物质时，一旦进入大气，将污染空气，下雨时形成酸雨，破坏土壤和生态，对环境造成污染。

1.3.2　产出水

采气作业时从气井中产出的水有两类：一类是指和天然气或石油埋藏在一起，具有特殊化学成分的地下水；另一类是由于钻井作业或增产作业等从地面注入到地下，替喷作业没有完全替完，随天然气开采一同采出的水。产出水颜色一般较暗，呈灰白色，透明度差，溶解的盐类多，矿化度高，一般有咸味，也有硫化氢或汽油等特殊气味。采气作业中产出水的危害主要有以下几个方面。

（1）污染水体环境。由于产出水里含有大量的气态、液态和固态的链烷烃和芳香族烃类物质，当这些物质进入水域后，由于自然降解而需耗用大量的氧气，使得被地层水污染的水域形成局部缺氧状态，水体水质恶化、腐化使水生植物的光合作用遭到破坏，水生动物则缺氧而死亡，令生态系统失衡。另外，天然气产出水还具有一定毒性，被鱼类摄入后会导致中毒，影响生长并有异味，不能食用。

（2）污染土壤。产出水含有大量的有机质，当其进入土壤后，会附着于植株上或渗透到植物体内，直接影响植物的生长；另一方面，这些有机物质覆盖土壤会产生阻塞作用，隔绝氧气供给，促进土壤的还原作用，使水温、地温升高，危害作物的生长发育，从而对正常的土壤环境造成污染。

（3）形成火灾隐患。产出水表面有时会形成大量油膜，由于油膜具有易燃的特性，就可能成为火灾的隐患，直接危及人的生命和财产安全。

（4）腐蚀金属设备。由于产出水含有二氧化碳、硫化氢或残酸等物质，因而多表现出酸的特性，将会对井下管柱和地面流程等金属设备造成腐蚀影响。

（5）影响正常生产。产出水可能形成冰堵影响正常生产。

1.3.3　原油或凝析油

采气作业时有时有原油或凝析油伴随产出。凝析油颜色浅、透明，燃点较原油燃点低，更易引起火灾，采集储运中要避免明火接近，有些气田凝析油中含有少量含硫物质。原油大都呈流体或半流体状态，颜色多是黑色或深棕色，并有特殊气味。原油含胶质或沥青质越多，颜色越深，气味也越浓；含硫化物和氮化物多则气味发臭。采气作业中原油或凝析油的危害主要有以下几个方面。

（1）引发火灾和爆炸。凝析油燃点较低，遇明火极易发生火灾。凝析油和原油都是以碳氢化合物为主的可燃性物质，在一定温度下，能蒸发出大量的蒸汽，当火灾发生后，由于火灾引发的高温、大量能量的聚集，易引发爆炸。

（2）静电荷集聚危害。凝析油和原油产品的电阻率都很高，电阻率越高，电导率越小，积累电荷的能力越强，因此，当其在泵送、灌装和装卸等作业过程中，流动摩擦、冲击和过滤等都会产生静电，静电聚集的危害主要是静电放电，当静电放电产生的电火花能量达到或超过油品蒸汽的最小点火能时就会引起燃烧或爆炸。

(3) 对水体和环境的污染。与产出水对水体和环境的危害相同。

1.3.4 机械杂质

大多数的气井生产时都有部分机械杂质采出，如地层砂在气流的冲刷作用下随天然气流一并采出、生产设备在生产过程中形成金属碎屑等。这些物质具有一定的粒径和强度，他们的存在将对正常的生产造成一定的危害，主要表现在以下两个方面。

(1) 冲蚀生产设备，影响安全生产。机械杂质随高速气流冲刷在生产设备内壁，将会产生强大的破坏作业，使设备内壁产生冲蚀现象，降低其承压能力，影响安全生产，尤其在管道或设备的弯头和流速方向有较大改变处冲蚀现象更为严重。

(2) 堵塞设备，影响正常生产，造成安全隐患。当机械杂质较多或较大时，容易在节流处形成堵塞现象，造成节流前形成异常高压，影响正常生产，形成安全隐患。机械杂质对压力表接头、调压阀喷嘴等处的堵塞，将会影响准确测压和生产压力的调节等。

1.4 采气工艺

1.4.1 排水采气工艺

排水采气就是通过采用化学、机械等手段将井筒内液体排出地面的采气工艺措施。目的是改善井筒中液体的流动状态、降低井筒流压梯度，保证气井稳产带液，最终提高气藏采收率。常见的排水采气工艺有泡沫排水采气工艺、气举排水采气工艺、电潜泵排水采气工艺、有杆泵排水采气工艺等。

1.4.1.1 泡沫排水采气工艺

泡沫排水是维持产水气井正常生产的一项助采工艺技术，具有操作简单、成本低、见效快等优点。

1. 基本原理

泡沫排水采气就是通过向井筒中加注表面活性剂，利用表面活性剂低表面张力特性，将井筒中的液体变成微小泡沫，使其具有更大的表面积，从而降低液体密度，减少气体的滑脱效应，进而降低气井临界携液流量，使井筒中的液体更容易被气流携带到地面。

2. 加注时机和周期

主要通过现场对比试验来确定加药时机，油套压差(ΔP)的大小反映井底积液的多少，而气井产气量的高低一定程度上反映了地层能量的大小，因此将气井分成低压低产井、低压中产井和高压高产井三大类，针对各类气井不同压差条件下的排水效果，通过寻求合理压差确定加药时机。

川西气田气井经过广泛的现场试验，推荐按照表 1-9 确定泡排加注时机。

表 1-9 川西气田产水气井泡沫剂加注时机的优化方案表

日产量条件/($\times10^4 m^3/d$)	井口套压范围/MPa	极限油套压差/MPa
$Q<0.5$	$Pc\leqslant1.0$	$\leqslant0.22$
	$1.0<Pc\leqslant2.5$	0.22~0.39
	$2.5<Pc\leqslant5.0$	0.39~1.02
$0.5\leqslant Q<1.0$	$1.0\leqslant Pc\leqslant3.0$	0.39~0.96
	$3.0<Pc\leqslant5.0$	0.96~1.45
$Q\geqslant1.0$	$1.0\leqslant Pc\leqslant8.0$	0.48~2.31
	$8.0\leqslant Pc\leqslant16.0$	2.31~2.92

根据这个加药时机，现场可以很容易确定泡排药剂的加药周期，即当气井油套压差增大到一定程度后，可以再次加注泡排药剂。在泡排剂加注周期方面，周期太短，则经济效益较差，周期太长则可能导致泡排效果变差，因此需要找到最佳经济效益点，就是最佳周期(表 1-9)。

3. 加注量

泡沫剂合理加药量的确定需要从两方面考虑：一是弄清井底积液量的多少，二是根据优选泡沫剂的带水能力确定合理的加药浓度。前者可由井口油套压差的大小来计算，而合理的加药浓度则需要室内的模拟实验来确定

在泡排剂的浓度确定以后(一般泡排剂的浓度为 0.5%~2%)，根据气井的日产水量即可确定泡排剂的加注量。

4. 常见泡排药剂类型

目前，常见的泡排药剂有离子型和非离子型两大类，通过针对不同工况的复配，可形成低压低产气井泡排药剂、产凝析油气井泡排药剂、大斜度井泡排药剂等。

5. 注入方式

1）平衡罐法

平衡罐置于井场，起泡剂溶液盛于平衡罐内，平衡罐与井口套管压力相连通，罐内溶液依靠自重和高差流入环形空间，连续均匀地流到井底(图 1-12)，其优点是不需动力。

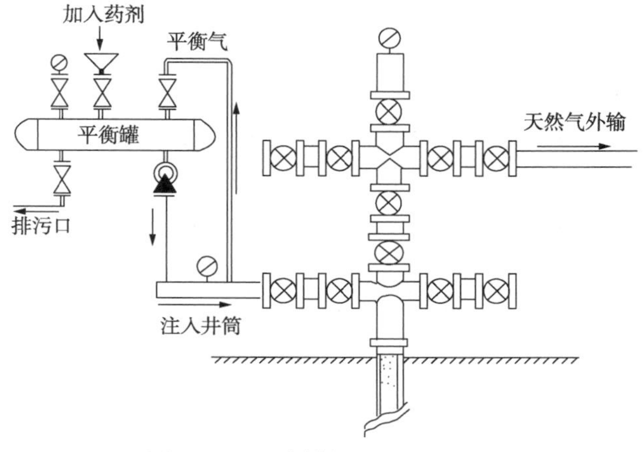

图 1-12 平衡罐加注工艺原理图

2）泵注法

该方法是将起泡剂溶液过滤后，从井口套管或油管泵入井内。分固定式和移动式两种，固定式是将注入泵固定在井场，移动式是将注入泵固定在泡排车上。

3）便携式投药筒

井口投药筒安装在采油树清蜡闸门上端，采用重力作用原理加注，适用于井口压力低于 10MPa 的浅井。

4）毛细管加注法

该方法主要针对水平井、特殊井身结构井而设计，目的是通过毛细管将泡排剂直接注入到积液段，可以实现泡排剂在井筒中定点加注，提高泡排效果。

1.4.1.2 气举排水采气工艺

气举排水采气工艺从广义上来讲是利用气体的压力能作为能源，举升井筒内液体的一种工艺，这个压力能既可以来源于气井本身，也可以来源于外界，能量来源于气井本身的气举工艺就是我们常说的柱塞气举工艺，柱塞气举的过程实际上就是一次憋压、聚能然后集中释放的过程。能量来源于外界的气举工艺是将来源于邻井、槽车的高压气源或通过压缩机将低压天然气进行增压注入井筒，以举升井内液体的工艺。

1. 柱塞气举工艺

1）基本原理

柱塞气举是间歇气举的一种特殊形式，柱塞作为一种固体的密封界面，将举升气体和被举升液体隔离，减少气体窜流和液体回落，提高举升气体的效率。柱塞气举的能量主要来源于地层气。这些气体将柱塞及其上部的液体从井底推向井口，排出井底积液，增大生产压差，延长气井的生产期。柱塞在井中的运行是周而复始的上下运行，柱塞下落时一般要关井，因此，气井是间歇生产。近年来，为了提高柱塞气举的效率，又出现了球塞气举、分体式柱塞气举等不需要关井的柱塞气举工艺。

2）柱塞气举实施过程

柱塞气举实施过程由循环的开井和关井组成。一个循环过程包括关井恢复压力和开井生产两个阶段。

（1）关井恢复压力阶段。

首先关井，柱塞从井口在油管内的气柱和液柱中下落，直到到达井底缓冲器处的井底缓冲弹簧上。若地层的供液和供气能力较低，柱塞应在井底缓冲器处的缓冲弹簧上停留一段时间，使压力恢复到足以把柱塞从井下推到井口的程度。

（2）开井生产阶段。

当开井生产时，套管气和进入井筒的地层气体向油管流动，到达柱塞下面，推动柱塞及上部液段离开井底缓冲器上升，直到柱塞到达井口。若地层气量充足，甚至需要敞喷放气一段时间。该阶段又可分为环空液体向油管转移、柱塞及上部液段在油管内向上运动、柱塞上液段通过控制阀排出井口、柱塞停在井口放喷生产四个过程。

2. 外接气源气举工艺

1）工艺原理

该工艺利用了U形管原理，通过向井筒中注入高压气源，使井筒中的压力升高、气体流速增大，将原本流动困难的液体举升出地面。

2）气举的分类

（1）气举工艺根据举升气源的不同，可分为邻井高压气源直接气举、氮气气举、天然气压缩机气举等几种工艺。

（2）按照是否有封隔器、单流阀，分为闭式气举、半闭式气举和开式气举。

除此之外，对于一些深井、积液较多的气井，在地面设备举升压力不足的情况下，还会用到气举阀进行逐级卸载气举。

1.4.1.3 其他排水采气工艺

1. 电潜泵排水采气工艺

电潜泵（ESP）的全称为电动潜油离心泵，是通过电动机以及多级的离心泵进入到采油井的液面下进行抽油的举升设备。

其工艺流程是在地面“变频控制器”的自动控制下，电力经过变压器、接线盒、电力电缆使井下电机带动多级离心泵做高速旋转。井液通过旋转式气体分离器、多级离心泵、单流阀、泄流阀、油管、特种采气井口装置被举升到地面分离器，分离后的天然气进入输气管线集输。

2. 有杆泵排水采气工艺

有杆泵排水采气工艺是将有杆深井泵连接在油管上，下到油管内适当的深度，将柱塞连接在抽油杆的下端，通过安装在地面的抽油机带动油管内的抽油杆做往复运动。上冲程，泵的固定凡尔打开，排出凡尔关闭，泵的下腔吸入液体，油管向地面排出液体；下冲程，固定凡尔关闭，排出凡尔打开，柱塞下腔吸入的液体转移到柱塞上面进入到油管。

工艺流程包括油管内排水的流程和油套管环空的采气流程。油管排水的流程是：产层水由井下气液分离器经过分离将气排到油套环空，将水排到软密封深井泵。地面有杆泵连接抽油杆和柱塞。由于有杆泵设备抽吸使水通过油管、油管头、高压三通、油管出口管线到地面排液计量池。其流程是：从井下气液分离器和地面排出的气水混合物经过油套环空、大四通、高压输气管线进入地面气水分离器，将水分离后外输。

3. 涡流排水采气工艺

涡流排水采气工艺是利用井下涡流工具固定的螺旋片使得气液两相流体旋转上行，将低效率紊流流体转换为规则的气液两相旋流，受离心力作用，液体沿管壁流动，气体通过管道中心流动，能防止液体滑脱，大大提高气井携液能力。该工艺充分依靠自身能量，物理方法改变井筒流态，降低气液滑脱，通过钢丝作业下入和坐放，工艺简单，近年来受到业界的广泛关注。该工艺适用于产气量大于$0.3\times10^4m^3/d$、产水量小于$10m^3/d$的垂直、管串全通径的气井。

4. 超声波雾化排水采气工艺

超声波雾化排水采气工艺的核心是在井下建立人工功率超声波场，使地层积水的局部产生高温高压并快速雾化，高效率雾化后的地层积水伴随着天然气生产气流沿采气油管排至地面，从而能有效地提高采气油管的带水能力，达到降低和排除井筒积水、开放地层产气微细裂缝、提高单井产能的目的。该技术对储气层无污染，仅需地面供应电力，施工方法简单、对产气层适应性强。由于电—声—机能量转换效率高，可有效节约能源和采气成本。

1.4.1.4 采气工在排水采气过程中的管理要求

(1) 在排水采气工艺实施过程中，对站场内的管线、流程、采气设备进行监管。

(2) 配合施工作业单位，完成生产数据采集、站场阀门操作。

(3) 出现异常情况及时汇报。

1.4.2 高低压分输采气工艺

由于同一气田气井开采时间不一致，气井压力下降的速率不同，导致同一气田高压井和低压井并存。若高压气和低压气进入到同一管线，则会导致高压气井输送效率低或者抑制低压井生产，因此，可根据具体情况，利用已建场站设备和就近的管网系统加以改造，并进行高低压分输采气，这样可在不需外部供给能源的条件下，维持气井正常产量生产，提高低压气井生产能力，推迟气井进入外加设备增压开采的时间。如川西气田的马井气田、新场气田中的部分气井，对已有站场管线进行改造，减少不必要的压力损失元件，建成高低压两套集输管网，使大批低压气井得以稳定生产。

1.4.3 增压采气工艺

当气井井口压力不能满足外输条件时，则需要采用压缩机对气体进行整压，使得原本不能进入输气管网的低压气井正常生产。增压采气工艺技术的关键是增压机吸入低压气，经过机械能，输出高压气体，满足外输条件。利用压缩机进行增压开采的工艺技术，不仅可以提高低压气井天然气的输气压力，还可以进一步降低气井井口压力直至 1 个大气压，达到降低气井废弃压力、增加气井采出程度、提高气井最终采收率的目的。

1.4.4 “三防”工艺

1.4.4.1 天然气水合物的预测及防治

1. 天然气水合物的基本概念和特性

天然气水合物是由天然气分子在一定温度和压力条件下，与游离态水结合而形成的结晶固体。密度为 0.88~0.9g/cm^3，一般在 35℃以下就有可能形成。

2. 水合物堵塞的危害

(1) 水合物在油管中生成时，会堵塞气井井筒，妨碍仪器下入，影响气井正常生产或造成气井停产。

(2) 水合物在地面流程中产生，会影响天然气流量计量的准确性，引起事故发生，造成设备损失和操作人员伤害。

在采气井场，节流过程中压降导致的温度降低是导致水合物形成的最主要因素，因此在节流过程中要尤其注意防治水合物堵塞。

3. 水合物防治措施

1）井筒水合物防治措施

在气井生产过程中，井流物中含有地层水、砂粒等，并沿油管不光滑内壁流动，一旦压力、温度满足条件，在井筒中便会附着在管壁上形成水合物，严重时将会堵塞整个管路，目前井筒水合物防治措施有加热法、化学抑制法、隔热保温法、油管内涂厌水层法、产量控制法、井下节流法等。

2）地面水合物防治措施

地面控制水合物形成常采用的措施有加热、加抑制剂和脱水三种方法。

1.4.4.2　硫沉积的预测及防治

1. 硫沉积机理

在井底条件下，温度、压力比较高，元素硫与含硫天然气中的硫化氢结合，形成多硫化氢。在开采含硫天然气时，多硫化氢随着含硫天然气流体向井口、地面长输管道方向流动。随着温度、压力逐渐下降，单质硫开始析出并沉积，严重时，堵塞流体通道，导致关井停产，阻碍含硫天然气的开采。

2. 硫沉积带来的伤害

（1）单质硫在储层中析出并沉积，导致储层堵塞，影响气藏开发。

（2）单质硫在井筒中析出并沉积，导致井筒堵塞，严重时会导致气井井筒完全堵死，导致气井产量降低或停产。

（3）单质硫在地面管线中析出并沉积，导致地面流程堵塞，导致气井生产不畅或停产，腐蚀加剧，甚至造成安全隐患。

3. 硫沉积的防治措施

（1）稳定生产，减少开关井作业，避免产生的单质硫在井筒中沉积。

（2）单质硫析出后，采用溶硫剂对单质硫进行溶解、消除。

（3）针对地面管线硫沉积，采取物理清除、加注溶硫剂、清管等方式解除硫沉积堵塞。

1.4.4.3　腐蚀防治

1. 气井生产常见的腐蚀类别

气井生产常见的腐蚀类别主要是：Cl^-腐蚀、地层水腐蚀、材质电偶腐蚀、硫化氢和二氧化碳腐蚀，其中硫化氢和二氧化碳的存在是造成腐蚀的最主要因素。

2. 腐蚀危害

（1）腐蚀发生在井筒中，会造成油管穿孔，导致气井排液困难，若套管发生腐蚀还会导致环空窜气的复杂情况。

（2）腐蚀发生在地面，可能造成人员伤害、环境污染。

3. 腐蚀防治方式

1）材质防腐

对于防治硫化氢腐蚀，常用的方法是选择镍铬合金管材，对于防治二氧化碳腐蚀，常用的方法是选择铬基合金管材，并采用井下封隔器辅助防腐。

2）生产过程中的缓蚀剂防腐

对于井内管柱，通常采用泵注缓蚀剂的方式防腐，对于地面长输管线，往往采用预膜处理和定期加注缓蚀剂的方式防腐。

1.5 采气流程

采气(工艺)流程是把从气井采出的含有液(固)体杂质的高压天然气，变成适合矿场集输的合格天然气的设备、仪器、仪表及相应的管线等，按不同方式进行布置的方案。

1.5.1 常规气井采气流程

根据气井中采出天然气的性质以及矿场集输的要求，常规采气流程可分为单井采气流程、多井高压采气流程、多井中低压采气流程等。

1.5.1.1 单井(常温)采气流程

从气井采出的天然气，经采气树节流阀调压后进入加热设备(如水套炉、换热器)加热升温，升温后的天然气再一次经节流阀降压到系统设定压力后进入分离器，在分离器中除去液体和固体杂质，天然气从分离器顶部出口出来进入计量管段，经计量装置计量后，进入集气支线输出(图1-13)。分离出来的液(固)体从分离器下部进入计量罐计量，再排入污水罐。污水拉运至污水处理厂集中处理后，直接排放或回注到地层。

由于单井站各工艺设备区压力等级不同，为保证采气安全，在工艺设备各压力区(高压、中压、低压)分别安装有安全阀和放空阀，一旦设备超压，安全阀会自动开启泄压，同时，启动井口自动切断系统，切断井口气源。图1-13为典型的单井常温低压集气工艺流程，流程包括井口高低压截断阀、水套炉、分离器、污水罐及安全放空系统等。

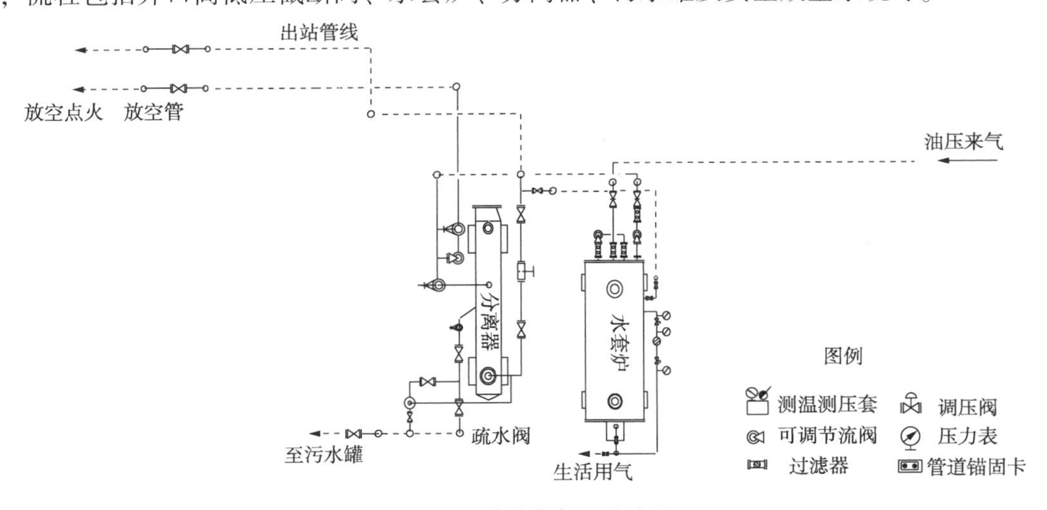

图1-13 单井集气工艺流程

1.5.1.2 多井高压采气流程

多井高压采气流程中，每口气井除井口装置外，其他设备及仪表都集中安装在集气站。

在集气站内实现对所有气井的生产调节和控制，如分离气体中的杂质、收集凝析油、防止水合物形成、测量气量和液量等工作。每口气井用高压管线同集气站连接起来，任何一口井的天然气进到集气站后，首先经过加热，使天然气温度提高到预定的温度，再经过节流以调到规定的压力值，然后再通过分离器将天然气中的固体颗粒、水滴和少量的凝析油脱除后，经流量计测得其流量，进入汇气管，最后进入输气管线。

集气站的工艺过程一般包括加热、降压、分离、计量等几个部分。其中，加热设备根据各单井的进站压力确定，当进站压力较低、在节流过程中不形成水合物时，集气站内的设备可简化为节流、分离、计量，然后进入汇管输出。在计量方面还分为单井计量、多井轮换计量，根据气井分布和各单井的开采要求，设备可进行不同的组合。

1.5.1.3　多井中低压采气流程

该集气工艺主要是由于采用井下节流工艺降低了井口压力。因此，井口只安装了高低压截断阀和旋进旋涡流量计进行带液计量，省去了管汇台、水套炉、分离器等主体设备，实现"井口不加热、不注醇，采气管道不保温"的多井中低压集气工艺技术(图 1-14)。

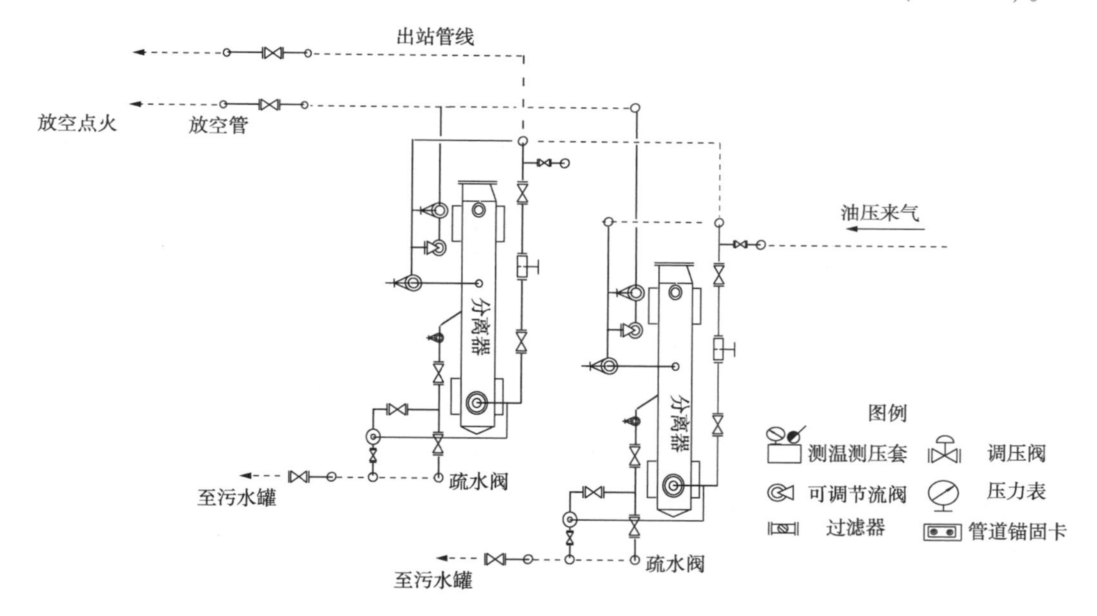

图 1-14　多井中低压集气工艺流程

1.5.2　增压采气流程

增压站工艺流程设计应根据气田采气集输系统工艺要求，满足增压站最基本的工艺流程，即分离、加压和冷却(图 1-15)。为了适应压缩机的启动、停车、正常操作等生产上的要求以及事故停车的可能性，工艺流程还必须考虑天然气的循环、调压、计量、安全保护、放空等。此外还应包括为了保证机组正常运转必不可少的辅

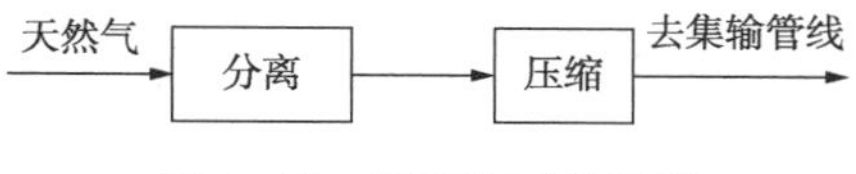

天然气 → 分离 → 压缩 → 去集输管线

图 1-15　增压站工艺流程

助系统，包括燃料气系统、自控系统、净化系统、润滑系统、启动系统等。

增压站由调压、分离、增压、燃料及启动、放空五个基本单元组成，各单元的具体设置要求与天然气气质、压缩机机型和生产流程有关。当燃料用天然气含有硫化氢时，燃料气及启动单元需设脱硫设施。

1.5.3 含硫气井采气流程

1.5.3.1 含硫单井采气流程

含硫气井的开采与常规气井的开采在采气流程上有许多相同之处，但是由于含硫化氢，采气流程也有较大的差异和不同。

在设备上主要有：溶硫剂(缓蚀剂)注入装置、采气井口、水套炉、气液分离器、气液聚结器、计量装置、清管收发球装置(清管收、发两用装置)、污物储罐、溶硫剂再生装置、溶硫剂储罐、气田水储罐、缓冲罐、放空火炬等。

主要流程包括：①含硫天然气经采气井口节流阀降压以后，进入水套炉加热后再节流降压，经气液分离器和气液聚结器净化后，进入计量装置，最后进入集气管线。②气液分离器和气液聚结器排放的污物进入污物储罐，污物再进入溶硫剂再生装置，对污物进行处理。再生后的溶硫剂进入溶硫剂储罐，对处理后生成的硫进行回收，对分离出的气田水集中进行密闭回注。③站内放空阀放出的天然气经放空管线进入缓冲罐，对天然气进行分离后再进入放空火炬燃烧(图 1-16)。

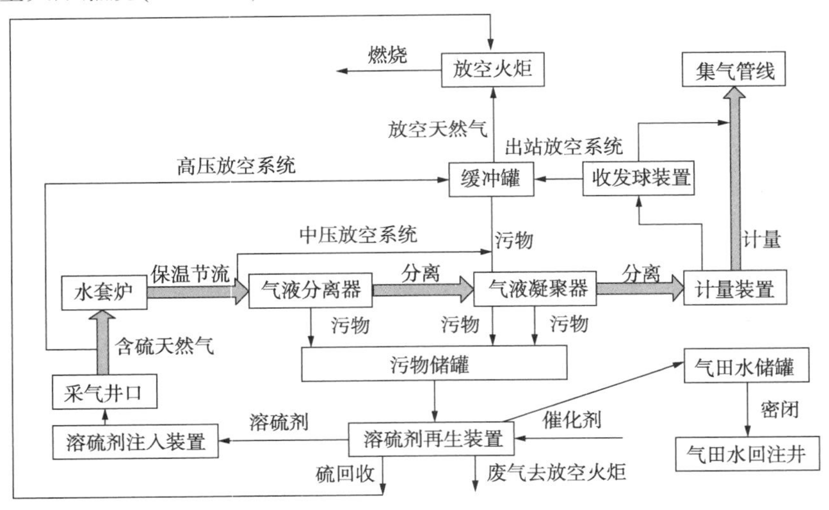

图 1-16　含硫气井的开采工艺过程

1.5.3.2 含硫气井集气流程

常用的天然气集气工艺分为干气输送和湿气输送两种(图 1-17、图 1-18)。理论与实践均表明，只要管线中没有液相水存在，高含硫原料气的湿气输送是安全的。当然，再辅以合理的管材选择、高效缓蚀剂和腐蚀监测设备的使用、定期清管排液等技术措施，可使安全生产进一步得到保障。

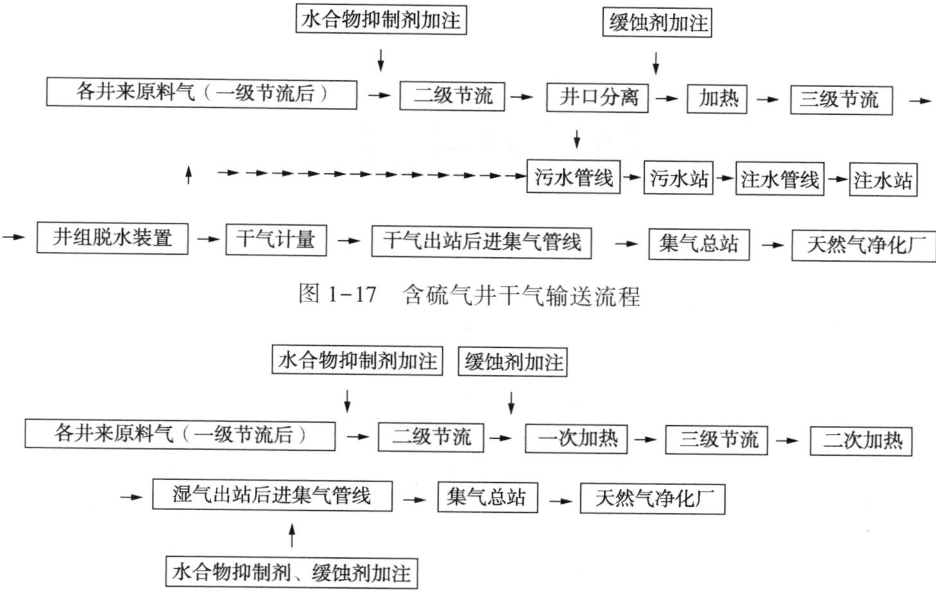

图 1-17　含硫气井干气输送流程

图 1-18　含硫气井湿气输送流程

第2章　采气井控概述

采油采气是实施石油、天然气开发的主要环节。随着油气田开发的不断发展以及安全生产要求的不断提高，对采油采气作业井控技术和员工素质的要求也越来越高。井控工作是油气井重要的安全工作之一，是一项涉及油气井设计、装备配套、生产组织、现场管理、员工培训等多个环节的系统工程。必须不断提高井控意识和技术素质，强化油气开发过程中的井控管理，这样才能安全、优质、高效地实施采油采气生产。树立井控就是安全、井喷就是事故的意识。

2.1　采气井控相关术语

2.1.1　采气井控

井控是指油气勘探开发全过程中，油气井、注入井、废弃井的，包括钻井、测井、录井、测试、注水(气)、井下作业、正常生产井管理和废弃井处理等各生产环节的控制与管理。采气井控是指气井接井后，生产、停产、废弃全过程的压力控制与管理。采气井控按风险程度分为三级。

1. 采气一级井控

采气一级井控是指气井在生产过程中，生产参数、井口控制设备、井安控制系统正常。

2. 采气二级井控

采气二级井控是指气井在生产过程中，生产参数、井口控制设备、井安控制系统出现异常，经过常规处置能恢复正常生产。

3. 采气三级井控

采气三级井控是指气井在生产过程中，生产参数、井口控制设备、井安控制系统出现异常，经常规方法处置无法恢复正常生产，可能导致井口失控。

2.1.2　采气井口异常

采气井口异常是指气井在生产过程中，井口出现了温度、产量、压力异常波动，设备设施发生渗漏，环空异常起压，地面串漏等情况。

2.1.3　采气井口失控

采气井口失控是指气井井口的1号、2号、3号阀内侧、油管头本体发生渗漏，无法用常规措施控制井口而出现的敞喷现象。

2.1.4 “三高”气井

“三高”气井指具有高产、高压、高含硫化氢特征之一的井。其中“高产”是指天然气无阻流量达 $100\times10^4 m^3/d$ 及以上，“高压”是指地层压力达 70MPa 及以上，“高含硫化氢”是指地层气体介质硫化氢含量达 1000ppm（$1500mg/m^3$）及以上。

2.1.5 含硫气井

含硫气井是指天然气的总压等于或大于 0.4MPa，且该气体中硫化氢分压等于或高于 0.0003MPa，或硫化氢含量大于 50ppm（$75mg/m^3$）的气井。

2.1.6 生产气井

生产气井是指为开采天然气而钻的、目前正在生产的井，包括采气井、观测井等。

2.1.7 长停井

长停井是指新井接井及修井作业后不能及时投产或者生产末期没有生产价值且未采取永久性弃井作业的井。

2.1.8 废弃井

废弃井是指因地质、工程或其他原因导致无开采价值、无法恢复生产或存在重大安全隐患难以整改，由采油气厂报油田分公司提出报废申请并取得批准且实施了封井作业的井。

2.2 压力间的平衡关系

2.2.1 压力的相关概念

压力是井控最重要的基本概念之一。了解井下的各种压力及其相互关系，对于掌握井控技术、防止井喷事故的发生是十分必要的。采油采气井压力控制主要任务表现在两个方面：一是通过控制井口压力使油气井在合适的井底压力与地层压力差下进行生产。二是在地层压力过高、流体过量进入井眼后，通过改变工作制度或更换井口设备等方法达到控制井口压力建立新的井底压力与地层压力差，恢复正常生产状态。

2.2.1.1 静液压力

静液压力是由静止液柱的重量产生的压力，其大小取决于液体密度和液柱垂直高度。图 2-1 表示出了井内液柱静液压力和地层孔隙水的静液压力。

静液压力的计算：

$$p_m = 10^{-3}\rho g H_m \qquad (2-1)$$

式中，p_m 为静液压力，MPa；ρ 为液体密度，g/cm^3；H_m 为液柱垂直高度，m。

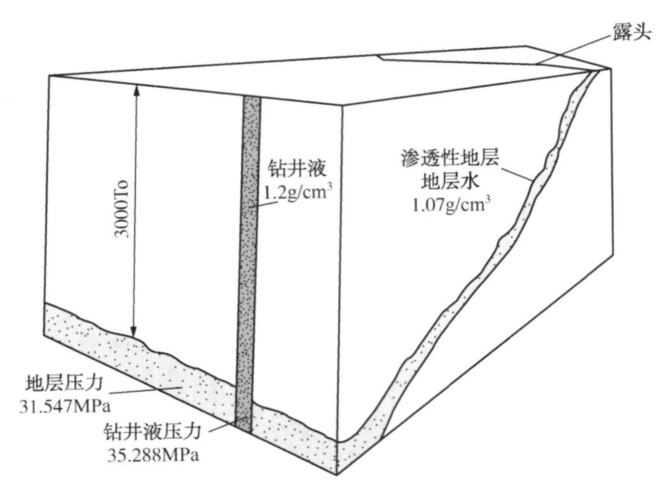

图 2-1 井内液柱静液压力和地层压力

静液压力梯度的计算：

$$G_m = p_m / H_m = 10^{-3}\rho g \tag{2-2}$$

式中，G_m 为静液压力梯度，MPa/m。

需要特别注意：对于定向井，必须用垂直井深而不是测量井深(或钻柱的长度)。另外，静液压力仅取决于流体的密度和液柱的垂直高度，与井眼尺寸无关。

2.2.1.2 地层压力

地层压力是指作用在储层孔隙中流体上的压力，也称储层孔隙压力。正常情况下，地下某一深度的地层压力等于地层流体作用于该处的压力。如果渗透性地层与地表连通，这个压力就是由以上地层流体静液压力所形成的，此情况下的地层压力表达式为：

$$p_{zc} = p_m = 10^{-3}\rho g H \tag{2-3}$$

式中，p_{zc}为正常地层压力，MPa；p_m 为地层流体静液压力，MPa；ρ 为地层水的密度，g/cm³；g 为重力加速度，一般取 $g=9.81\text{m/s}^2$；H 为地层垂直深度，m。

2.2.1.3 井底压力

井底压力是指地面和井眼内作用在井底的各种压力的总和。不同作业工况下井底压力不同。

1. 井底流压

流压又称流动压力，是油气井正常生产时所测出的油气层中部压力。流压的高低直接反映出油气井井底能量的大小。

2. 井底静压

油气田投入开发后，关井恢复压力后所测得的油气层中部压力称为静压，代表测压时的油气层压力，是衡量地下油气层能量的标志。

2.2.1.4 油压和套压

在油气井正常生产过程中，油气从井底流动到井口的剩余压力，通常指井口测得的油管内压力，简称油压。油气在油管与套管环形空间内产生的压力叫套管压力，简称套压。

2.2.1.5　生产压差

生产压差是指目前地层压力与井底流动压力的差值。一般情况下，生产压差越大，产量越高。油气井合理的工作制度决定生产压差的大小，油气井的工作制度越大，井底流压越小，生产压差就越大。生产压差过大会破坏油气层，引起油气层出砂。油气井的工作制度越小，井底流压越大，生产压差越小。生产压差过小会影响油井的产量，使油气层能量不能充分地发挥出来。因此要选择合理的生产压差，既能保证油层能量合理利用，不破坏油层，又能保证油井具有一定的生产能力。

压力平衡是一种压力系统中各种压力在空间上达到相对稳定、没有剧烈变化的状态，压力平衡是一个具有宏观性质的概念。油气流体从储层流到地面的过程中，流动过程遵守能量守恒定律。不管是流体在地层中的渗流，还是流体在管内的管流，其流动均是依靠压差实现的。采油采气过程中，主要关心的是目前地层压力、井底流压、井口油压、输气管线的压降与产量之间的关系，对于采用了井下节流工具或井下安全阀的生产井，还要注意井下节流工具或井下安全阀处的流动压力等。

2.2.2　采气生产的四个流动过程

气井生产流动主要由地层流体到井底、流体在井筒内流动、通过节流装置流动、地面管线流动四个基本流动过程所组成，图 2-2 为生产系统的示意图。

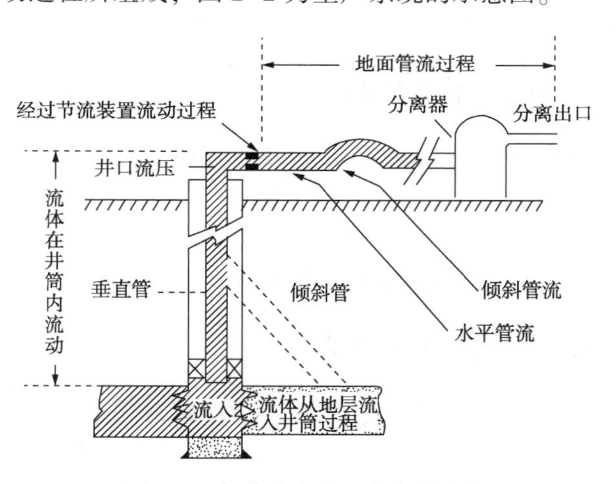

图 2-2　气井生产的四个流动过程

1. 从地层到井底的流动

气井一旦投入生产，流体从地层向井底流动会产生压降损失，在流动过程中目前地层压力减去流动阻力就等于井底流压。

对井下无封隔器、井下节流器或井下安全阀、油套环空连通的气井，地层压力可通过关井达到稳定时下压力计实测，井底流压可通过下压力计实测或通过环空静止气柱计算获得。若井下存在封隔器、井下节流器或井下安全阀、油套环空不连通的气井，则需根据气井具体情况进行复杂计算，地层压力井底流压才可能获得。

2. 流体在油管内举升流动

气井举升流体(气、油、水)出井口的能量来源主要是井底流动压力和气体弹性膨胀，能量消耗主要是流体本身的重力、流动摩擦阻力。流体在井筒流动中，井底流压等于井口油压与生产管柱内的压力损失之和。

3. 通过节流装置的流动

流体通过井下节流装置、井下安全阀、井口针阀、油嘴的流动属于嘴流过程，流体通过节流均要产生压力损失。嘴流入口前压力等于出口压力加上经过嘴流的压力损失。

4. 在地面管线中的流动

油气经过井口后通过采集管线流向采输站场，压力损失主要为管内流动摩阻。采集管线的进口压力减去管内流动摩阻等于管线出口压力。

2.2.3 油管生产的压力平衡关系

油管生产的气井，地层流体从井底经油管流到井口，在这个流动过程中，存在如下压力平衡关系：

井底流压=油压+井筒内流动压降损失 (2-4)

井底流压=套压-井口至井底静止气柱产生的重力压降 (2-5)

输气压力=油压-地面管线压力损失-节流压降-流体经过分离时压降 (2-6)

井口油套压通过压力计实测获得，各种压力损失可通过相应的理论计算获取。

2.2.4 套管生产的压力平衡关系

采用套管生产时，流体从地层流入井底后经油套环空流到井口，在这个流动过程中，存在如下平衡关系：

井底流压=套压+井筒流动压降损失 (2-7)

井底流压=油压+油管内静止气柱重力产生的压降 (2-8)

2.2.5 关井压力恢复后的平衡关系

由于生产需要进行关井作业，管井后井口压力逐渐升高直至平稳，压力恢复平稳后，存在如下平衡关系：

井底压力=目前地层压力 (2-9)

油压/套压=井底压力-井内静止流体的重力压降 (2-10)

井底压力及目前地层压力可通过静止气柱计算或下压力计实测，井口油套压通过井口压力计直接读取。

2.3 气井失控原因

气井失控的原因是多方面的，往往是多种因素共同作用的结果，大体可以归纳为以下两个方面。

2.3.1　井下原因

（1）固井质量不好，套管外窜槽或套管损坏。

（2）井下管柱、井口装置及生产流程设计不合理。

（3）地层出砂，油气采出过程中冲蚀井下管柱或井口装置，造成套管或井口装置损坏。

（4）封隔器密封失效，导致高压油气上窜。

（5）高压油气井井下安全阀失灵。

（6）废弃井封堵未达到设计要求。

（7）邻井作业干扰导致油气井生产参数改变。

2.3.2　地面装置原因

（1）井口装置安装不标准。

（2）井口装置未按规定程序试压及检测。

（3）井口装置钢圈、密封圈出现刺漏或老化损坏。

（4）油嘴堵塞造成憋压。

（5）法兰、四通、套管头及短节损坏或刺漏。

（6）阀门损坏或被盗。

（7）操作不当或人为损坏。

（8）生产周期增加设备腐蚀老化。

（9）自然灾害，如地震、洪水等造成的破坏。

第3章　井控设备

3.1　井控设备概述

随着开采技术的发展，采油采气井在日常生产和维护过程中的安全控制设备也在不断地改进和完善，一些新型井控设备在生产中不断得到运用。对于不同性质的生产井，井控装置的配备各有不同。在油气的开采过程中，如果井控设备的设计、安装、选购、使用和维护不当，就有发生井喷或失控的危险，因此，采油气作业人员掌握一定的井控设备知识，会正确使用和维护井控设备，使井控设备发挥应有的作用，对确保采油气作业的安全生产有着重要的意义。

3.1.1　井控设备的概念

实施油气井压力控制技术，确保安全生产的一整套专用设备、仪表与工具称为井控设备。

3.1.2　井控设备的组成

采气井的井控设备主要有：井口装置，井口安全控制系统，地面高低压截断阀，井下管串、压井系统及点火装置及封井器、防喷盒、内防喷装置、防喷管等。

井口装置由套管头、油管头和采油(气)树组成。

井口安全控制系统由井口截断阀、井下安全阀和控制柜组成。

地面高低压截断阀由控制柜、超压截断和失压截断组成。

井下管串通常由油管、筛管和管鞋组成，对于高压、含硫气井，井下管串还有井下封隔器和井下安全阀。

压井系统由地面管汇、压井材料和压井设备等组成。

点火装置由气源、点火系统、控制系统等组成。

封井器、防喷盒、内防喷装置、防喷管等是在气井修井或井下作业时的井控设备。

3.2　井口装置

(1) 气井井口装置由套管头、油管头和采气树组成。其主要作用是：悬挂油管；密封油管和套管之间的环行空间；通过油管或套管环行空间进行采气、压井、洗井、酸化、加注防腐剂等作业；控制气井的开关，调节压力、流量。气井井口装置如图 3-1 所示。

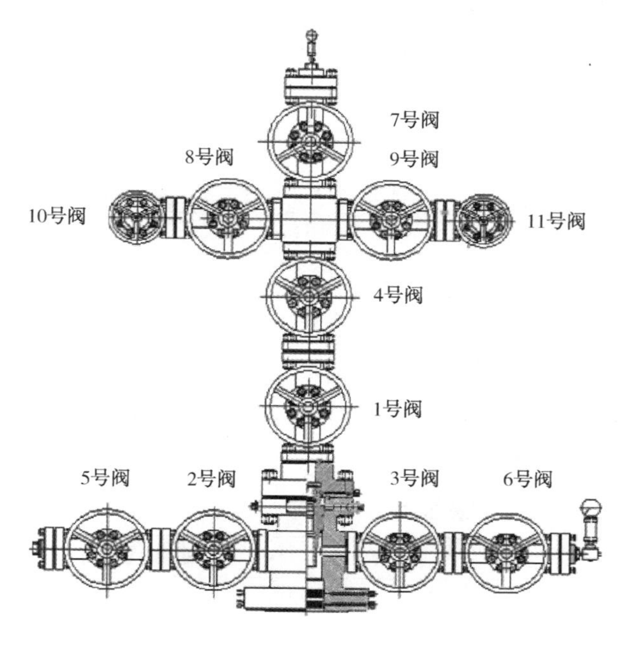

图 3-1　气井井口装置

（2）井口装置的编号顺序为：正对采气树，按逆时针方向从内向外依次编号为 1 号阀、2 号阀、3 号阀，4 号阀、5 号阀、6 号阀，7 号阀、8 号阀、9 号阀，10 号阀、11 号阀。

（3）井口装置的表示方法如图 3-2 所示。

产品代号用汉语拼音字母表示；公称通径用数字表示，单位为 mm；额定工作压力单位为 MPa，标准代号通常可以省略。

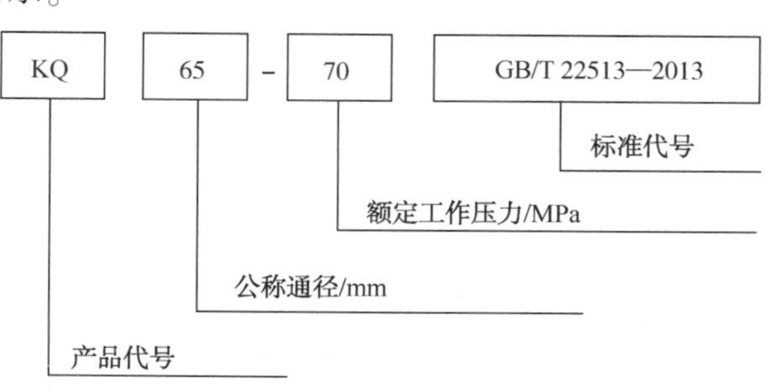

图 3-2　井口装置的表示方法

如 KQ65-70SY/T 5127—2002 抗硫采气井口装置，其中 K 代表抗硫，Q 代表采气，65 代表井口装置通径为 65mm，70 代表井口装置的额定工作压力为 70MPa，采用 GB/T 22513—2013 标准生产的采气井口装置。

（4）井口装置分类。常见的分类方法有按额定工作压力划分、按额定工作温度划分、按所用材料级别来划分等。

① 根据采气井口装置额定工作压力可分为 14MPa、21MPa、35MPa、70MPa、105MPa、140MPa 六种压力级别。

② 根据井口装置额定工作温度可分为 K、L、P、R、S、T、U、V 类型(表 3-1)。

表 3-1 井口装置温度分类表

温度类型	作业范围/℃	
	最小值	最大值
K	-60	82
L	-46	82
P	-29	82
R	室温	
S	-18	66
T	-18	82
U	-18	121
V	2	121

③ 根据井口装置所用材料可分为 AA、BB、CC、DD、EE、FF、HH 类别(表 3-2)。

表 3-2 井口装置材料分类表

材料类别	材料最低要求	
	本体、盖、端部和出口连接	空压机按、阀杆、芯轴、悬挂器
AA 一般使用	碳钢或低合金钢	碳钢或低合金钢
BB 一般使用		不锈钢
CC 一般使用	不锈钢	不锈钢
DD 酸性环境	碳钢或低合金钢	碳钢或低合金钢
EE 酸性环境	碳钢或低合金钢	不锈钢
FF 酸性环境	不锈钢	不锈钢
HH 酸性环境	抗腐蚀合金	抗腐蚀合金

3.2.1 采气树

油管头以上部分称为采气树，由闸阀、节流阀和小四通组成。其作用是开关气井、调节压力、气量、循环压井、下井下压力计测量气层压力和井口压力等作业。

1. 闸阀

采气树闸阀按闸板形式分为楔形闸板阀和平行闸板阀两种。

(1) 楔式闸板阀：阀门两侧密封面不平行，密封面与垂直中心线成某个角度，阀板呈楔形，楔形闸阀是靠楔形金属闸板与金属阀座之间的楔紧实现密封。阀杆为明杆结构，能显示开关状态。采用轴承转动，操作轻便灵活。轴承座上有加油孔，可给轴承加油润滑。在轴承座和阀杆螺母之间加有“O”形环，能防止轴承被硫化氢腐蚀，密封圈(盘根)采用聚四氟乙烯，配合金属密封环，具有密封可靠和抗硫化氢腐蚀的性能。

(2) 平行闸板阀：平行闸板阀是井口装置上最常用的阀门，密封面与垂直中心线平行，是两个密封面互相平行的闸阀，主要由阀体、阀杆、尾杆、阀板、阀座、阀盖等零部件构成。

平行闸板阀是一种有导流孔平板闸阀，靠金属阀板与金属阀座平面之间的自由贴合实现密封作用。需要注意的是平板阀的阀板阀座的密封是借助介质压力作用在波行弹簧的预紧作用力下使其处于浮动状态而实现密封，因此阀门开关到位以后，一定要回转1/4~3/4圈使阀板阀座处于浮动状态，不能把平板阀当楔形阀使用。该阀为明杆结构，并带有平衡尾杆，从而大大降低了操作力矩。

井口平行闸板阀操作维护注意事项如下。

（1）本阀只能在全开或全关状态下使用，不允许为调节流体流量而使阀门处于部分开启状态。当开关到上、下死点后，应将手轮倒退1/4~3/4圈。

（2）在操作过程中，旋转手轮快到终点时不应太快，以免损伤阀杆和阀盖倒锥。

（3）若阀杆或尾杆密封圈泄漏，可以通过阀盖上的注脂器加注密封脂。对阀盖上只有一个注脂器的平板阀，应将阀（尾）杆旋至上（下）死点，利用阀（尾）杆的倒锥密封，将阀杆密封脂注入密封圈。对于阀盖上有两只注脂器的平板闸阀，应根据阀盖上的铭牌标注将密封脂注入密封圈。

（4）定期用黄油枪向注油孔中加注润滑脂，以降低操作力矩。注润滑脂时，应卸开对面的排污螺钉或胶塞。

（5）每开关十次左右，应定期向阀腔内加注相适应的密封脂。加注时，阀门应处于全开或全关状态。加注前应将注脂器上的帽盖松开，如注脂器单流阀不内漏，则可卸下帽盖，接上注脂枪，将密封脂注入阀腔内；如注脂器单流阀内漏严重，则应旋紧帽盖，终止注脂，等待整改。

2. 小四通

安装在总闸上面，通过小四通可以采气、放喷或压井。

3. 节流阀

用于井口节流调压，主要由阀体、阀针、阀座、阀杆、阀盖、传动机构组成。

旋转传动机构，带动阀杆及与相连的阀针上下运动，进入和离开阀座，从而达到对天然气进行节流降压的目的。通过调节节流阀的开度，改变阀针和阀座之间的间隙大小，进而改变天然气气流的流通面积，起到调节天然气流量的作用。为抗高压高速流体冲刷，阀杆的阀针和阀座套采用硬质合金材料，以提高使用寿命。

节流阀操作维护注意事项如下。

（1）节流阀安装时，气流方向应与阀体上的流向标志一致。

（2）阀门在使用中，主要用于调节介质流量和压力，一般不能起截止作用。

（3）调节前应松开锁紧螺母，调定后应锁紧，以避免阀杆因振动而自行退出。

（4）如阀杆盘根处发生泄漏，可放空系统压力后，适当压紧阀杆盘根。泄露严重时，应更换盘根恢复使用性能。

（5）本阀在调节过程中，动作应缓慢，以避免压力或产量发生较大波动。

4. 压力表截止阀和缓冲器

缓冲器内有两根小管A、B，缓冲器内装满隔离油（变压器油），当开启截止阀后，天然气进入A管，并压迫隔离油（变压器油）进入B管，并把压力值传递到压力表。由于隔离油（变压器油）作为中间传压介质，硫化氢不直接接触压力表，使压力表不受硫化氢腐蚀。泄压螺钉起泄压作用，当更换压力表时，关闭截止阀微开螺钉，缓冲器内的余压由螺钉的旁通小孔泄掉。

5. 测压闸阀

通过测压闸阀使气井在不停产的情况下，进行下井底压力计测压、测温、取样作业。其上接压力表可观察采气时的油管压力。

3.2.2 油管头

油管头用来悬挂油管和密封油管和套管之间的环形空间，其结构有锥座式和直座式两种。

油管头由大四通、油管悬挂封隔机构(油管挂)、平板阀等部件组成(图 3-3)，在油管头的一侧旁通可安装压力表，以观察和控制油管柱与套管柱之间环形空间内的压力变化，在两侧旁通都安装有闸阀，以便进行井下特殊作业。

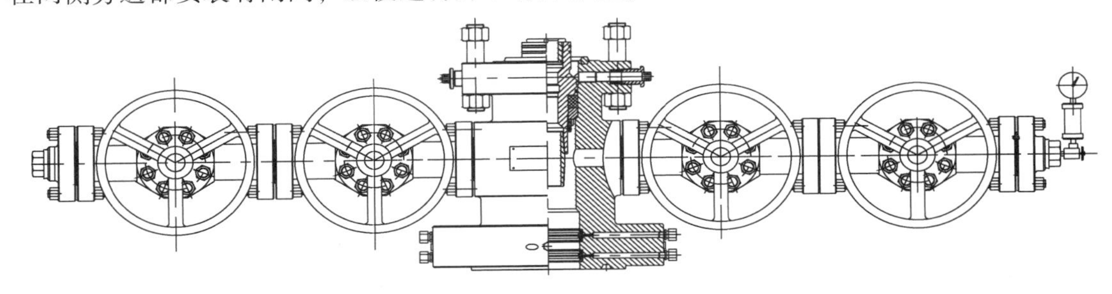

图 3-3 油管头

油管挂下端加工有内螺纹，可直接挂接油管，或通过油管短节挂接油管。油管挂上端加工有内螺纹，可挂接钻杆后取出油管柱。为保护油管挂上部内螺纹，在油管挂上端内还旋有一个护丝。

油管挂通过油管头四通上的顶丝固定在油管头上，顶丝孔内安装有 V 形填料和压环，通过填料压盖压紧填料使顶丝和孔壁达到密封。顶丝的主要作用是防止油管挂在井内压力的作用下被顶出。

油管头两侧安装有套管闸门，用于控制油、套管的环空压力。套管闸门一端接有压力表，可观察采气时的套管压力。从套管采气时，可用于开关气井。修井时可作为循环液的进口或出口。

3.2.3 套管头

套管头是为了支持、固定下入井内的套管柱，安装防喷器组、采气树等其他井口装置，而以丝扣或法兰盘与套管柱顶端连接并坐落于外层套管的一种特殊短接头。在套管头内还设置套管挂，用以悬挂相应规格的套管柱，并密封环空间隙。

套管头的分类方式较多，按密封环空的方式分为套管头橡胶密封和金属密封方式；按悬挂套管的层数分为单级套管头、双级套管头和三级套管头；按本体的组合形式分为单体式和组合式；按悬挂套管方式分为卡瓦式套管头和芯轴式套管头。

套管头由套管头本体、套管悬挂器、套管头四通、密封衬套、底座五部分组成。现根据套管悬挂方式简要介绍芯轴式套管头和卡瓦式套管头。

3.3　地面高低压截断系统

3.3.1　地面高低压自动截断系统组成

由控制柜和安全自动截断阀两部分组成。

（1）控制柜，如图3-4所示。

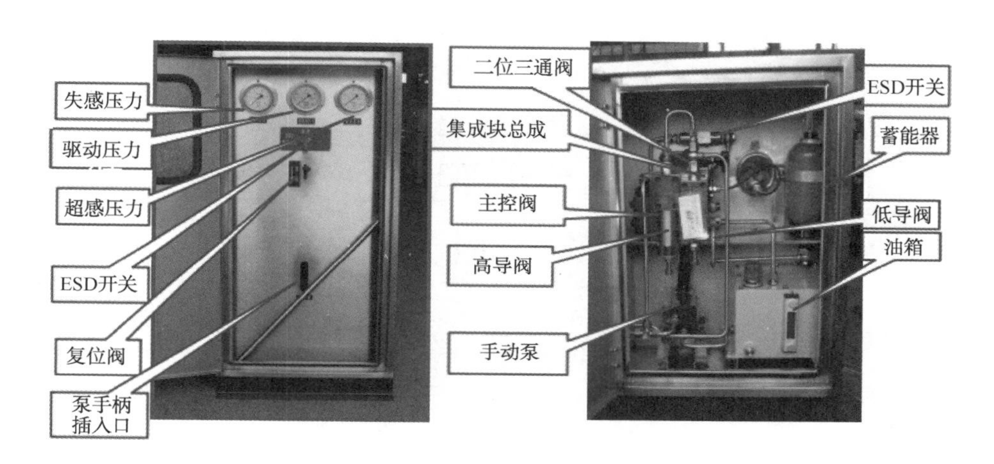

图3-4　地面高低压自动截断控制柜正反面

（2）安全自动截断阀，如图3-5所示。

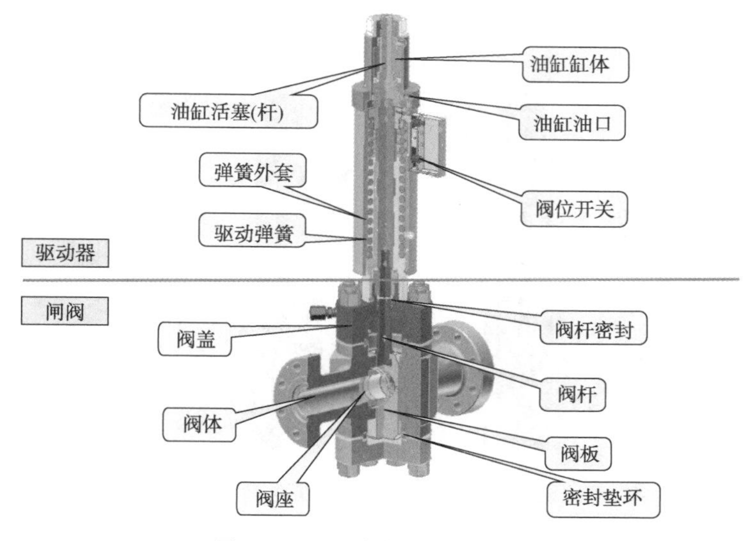

图3-5　地面高低压自动截断阀

3.3.2 地面高低压自动截断系统的用途

地面高低压截断阀装置是井场重要的安全保护设备，当输气压力超过设定压力、场站管线因破裂泄漏失压低于设定压力或发生火警时，装置迅速自动关闭截断阀，截断井口气源从而保护场站设备，防止重大事故的发生或漫延。

3.3.3 地面高低压自动截断系统工作原理

系统工作原理如图 3-6、图 3-7 所示。

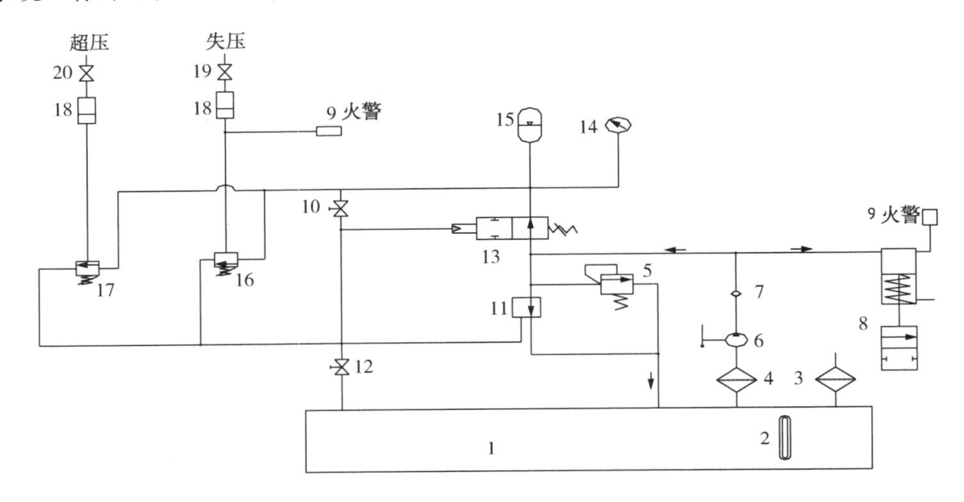

图 3-6 SSVHA 井口安全液压截断装置原理图(一)

1—油箱；2—液位计；3—空气过滤器；4—吸油过滤器；5—溢流阀；6—手动泵；7—单向阀；8—安全截断阀；9—火警易熔塞；10—ESD；11—主控阀；12—复位阀；13—液控二位二通阀；14—压力表；15—蓄能器；16—失压导阀；17—超压导阀；18—气液转换器；19—失压感测口；20—超压感测口

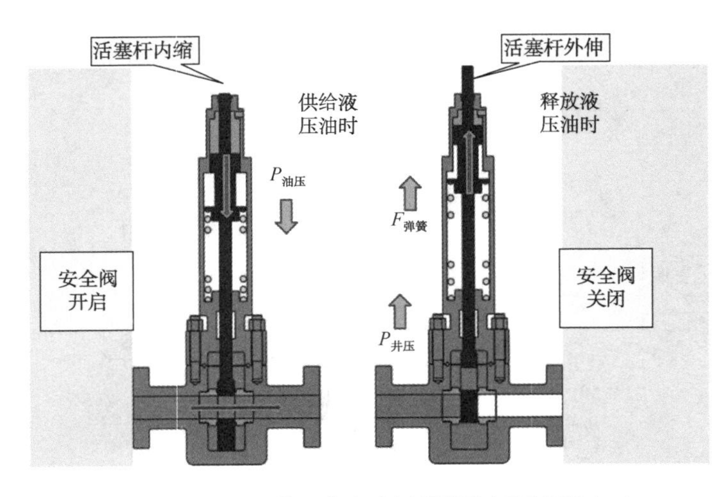

图 3-7 SSVHA 井口安全液压截断装置原理图(二)

3.3.3.1　关井原理

（1）当感测点压力高于、低于设定的压力，高、低导压阀(16 或 17)油路连通，继而使主控阀 11 导通，安全截断阀 8 的驱动油缸上腔卸压，安全截断阀 8 在自身弹簧力的作用下关闭，系统将自动关闭安全截断阀。

（2）火警易熔塞熔化击穿时，安全截断阀 8 的驱动油缸上腔卸压，安全截断阀 8 在自身弹簧力的作用下关闭，系统将自动关闭安全截断阀。

（3）打开 ESD 开关，继而使主控阀 11 导通，安全截断阀 8 的驱动油缸上腔卸压，安全截断阀 8 在自身弹簧力的作用下关闭，系统将自动关闭安全截断阀，控制系统的液压能量是通过手动泵 6 打压，在蓄能器压力应保持为 10~15MPa。

3.3.3.2　开井原理

（1）自动开井：打开高、低压压力取压阀，使其失压和超压感测有显示，关闭 ESD 阀，用手动泵打压至控制阀压力为 2~2.5MPa 左右，继续打压使其安全截断阀完全开启，驱动压力保持为 10~15MPa。

（2）取下安全截断阀顶部的护帽，用专用具工具顺时针旋转至安全截断阀全开。

3.3.4　故障处理

故障处理如表 3-3 所示。

表 3-3　故障处理

故　　障	引起原因	纠正措施
1. 无感测压力或感测压力变化	1.1　感测口截止阀未开启或未开全	打开截止阀
	1.2　截止阀或接口堵塞、管件渗漏	检查、清洁、更换
	1.3　感测压力表损坏	更换
2. 安全截断阀打不开或缓慢地自动关闭	2.1　蓄能器胶囊漏气	更换
	2.2　蓄能器充装氮气压力低	充氮气至(7±0.7)MPa
	2.3　蓄能器压力未达到规定值	手动泵打压至规定值
	2.4　蓄能器溢流阀调定压力太低	调定溢流阀至高于蓄能器压力规定值
	2.5　ESD 阀未完全关闭	关严 ESD 阀
	2.6　主控阀未关闭	操作复位阀关闭主控阀
	2.7　超/失压导阀未复位	开启复位阀，接通感测点压力信号使导阀复位
	2.8　手动泵损坏	更换
	2.9　控制系统管件泄漏严重	更换修理
	2.10　安全截断阀密封件损坏	清洗、更换
	2.11　油箱油量不足	加油

续表

故障	引起原因	纠正措施
3. 安全截断阀不关闭	3.1 弹簧疲劳失效或断裂	检查、更换
	3.2 驱动器活塞卡住	检查、清洗、修理
	3.3 主控阀未打开导致驱动器压力腔泄不了压	打开 ESD 阀，观察主控阀是否打开。如果仍未打开，则清洗、修理或更换
	3.4 超、失压导阀压力油未传至主控阀，导致驱动器压力腔泄不了压	清洗超、失压导阀使阀芯活动自如，或修理、更换导阀
4. 安全截断阀阀盖处渗漏	密封垫环损坏	更换

3.4 井口安全控制系统

井口安全控制系统是采气井场用于控制安全阀紧急关断的一套设备，主要由井下安全截断阀井口安全截断阀、易熔塞、高低压限位阀和井口控制柜组成。当井口出现泄漏、管线压力超高或超低、火灾或爆炸等危险情况时，系统将迅速关闭井口安全截断阀、井下安全截断阀，从而起到安全保护的作用。同时，采用先进的 SCADA、RTU、PLC 等控制技术，提升安全控制系统的自动化程度，并可实现集成式的中央控制系统，便于实现井场的智能化控制。

3.4.1 井下安全截断阀

井下安全截断阀(SCSSV)是一种防止井喷、保证生产安全的井下工具。通常通过井口控制柜与井下安全截断阀组装配合来实现关闭流体通道，在井内出现异常情况时实现油管内流体的阻断功能，是完井生产管柱的重要组成部分。

1. 井下安全截断阀分类

井下安全截断阀按控制方式分为地面控制(SCSSV)和井下控制(SSCSV)两种，按回收方式分为油管回收式和钢丝回收式两种，按结构分为提升杆式、球阀式和阀板式等。目前主要研究和应用的是油管回收式、阀板式的地面控制井下安全截断阀。

2. 结构

井下安全截断阀主要由以下几部分组成：阀体、密封圈、锁定装置、传压通道、活塞、弹簧及阀瓣等，其中锁定头是将安全截断阀锁定在工作筒内的主要部件(图 3-8)。

3. 工作原理

井下安全截断阀坐到工作筒内后，通过地面加压，压力经液控管线传至两个密封盘根之间的传压孔到活塞上，推动活塞向下移动，并压缩弹簧，将活瓣打开。如果保持控制管线压力，井下安全截断阀处于打开位置；释放控制管线压力，依靠弹簧张力推动活塞上移，使阀关闭。

4. 工作压力设定

按API14A要求，井下安全截断阀阀心部分功能试压应为井口最大工作压力的150%。井下安全截断阀的类型标志上通常带有L、H字母，分别代表常压和高压，一般常压指34.5~41.4MPa(5000~6000psi)，高压指68.95MPa(10000psi)或以上，最大工作压力可达103.5MPa。井下安全截断阀理论开启压力=安全截断阀地面开启压力13.8MPa(2000psi)+关井压力。

5. 井下安全截断阀作用

井下安全截断阀是气井的最主要井下工具，其作用有：①井口装置1号、2号、3号阀及油管头、套管头出现异常，关闭井下安全截断阀进行处理；②在气井出现井喷等情况时实施关断，阻止井下流体冲入地面；③当井下事故无法处理时，暂时关闭后可以延迟事故。

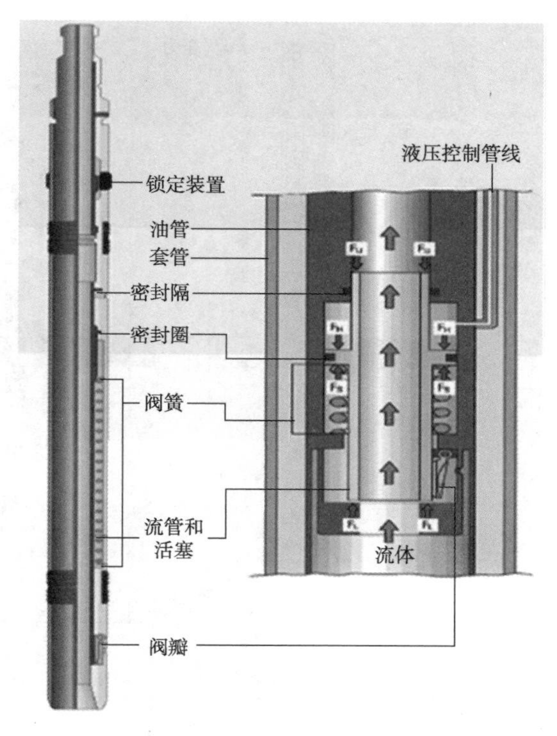

图3-8　井下安全截断阀

3.4.2　井口安全截断阀

井口安全截断阀是带有活塞式执行机构逆向动作的闸阀，闸阀的开与关由执行机构完成。通常安装于井口装置4号阀门位置。

1. 结构

主要由以下几部分组成：阀体、密封圈、锁定装置、传压通道、弹簧压盖、活塞、弹簧及阀板等。

2. 工作原理

通过加压，压力经液控管线传至弹簧压盖，推动压盖向下移动，并压缩弹簧，带动阀板下移，井口安全截断阀打开，如果保持控制管线压力，井口安全截断阀处于打开位置；释放控制管线压力，依靠弹簧张力带动阀板上移，使井口安全截断阀关闭(图3-9、图3-10)。

3. 工作压力设定

执行器工作压力=闸板所需压力+阀杆所需压力+弹簧张力，一般井口安全截断阀工作压力为：11~20.7MPa(1600~3000psi)。

4. 作用

井口安全截断阀是采气树上的最主要的阀门，其作用有：①井口采气树及地面流程出现异常，关闭井口安全截断阀进行处理；②地面流程出现天然气大量泄漏和火灾时紧急关井；③自控逻辑触发三级关断(站场级)时首先关闭井口安全截断阀，确保安全。

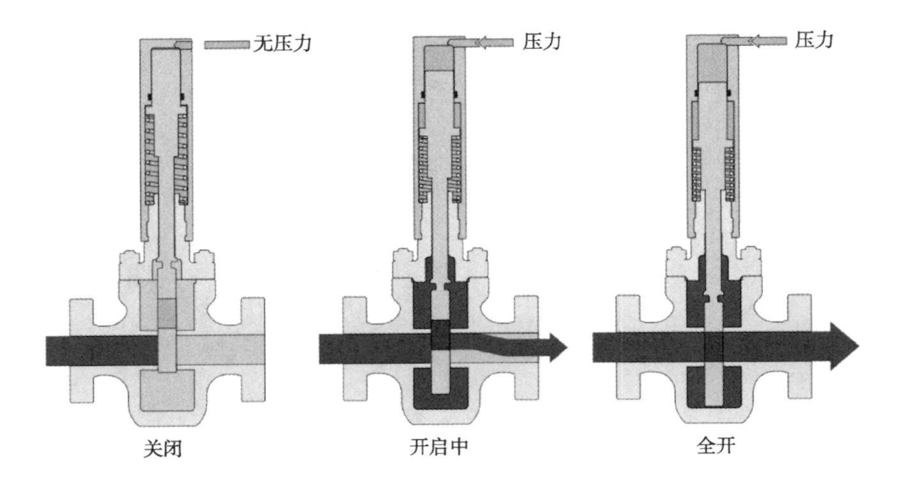

图 3-9　井口安全截断阀开关状态

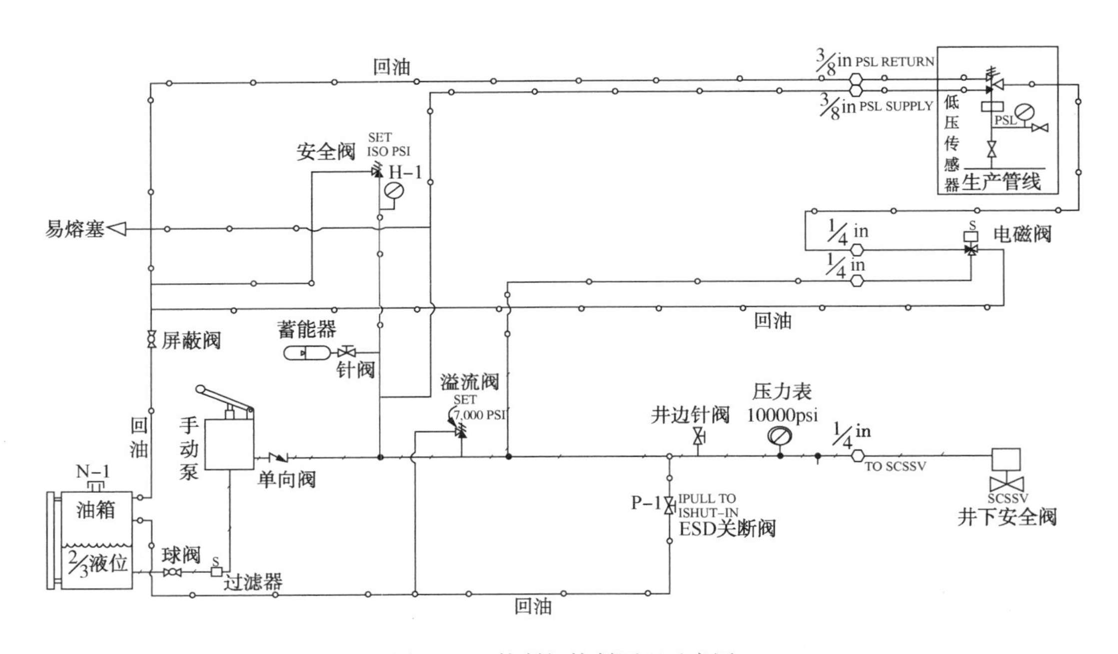

图 3-10　控制柜控制原理示意图

3.4.3　井口控制柜

井口控制柜为一简单的液压控制系统，以液压油为介质，进行能量的传递和控制。该系统主要利用液压控制阀(简称液压阀)不同的功能作用来控制液流的压力、流量和方向，利用液压辅件保持系统的稳定性。

1. 结构

井口控制柜主要由液压控制单元、压力显示仪器、信号传输及供电系统等组成(图 3-11、图 3-12)。

图 3-11　压力控制单元

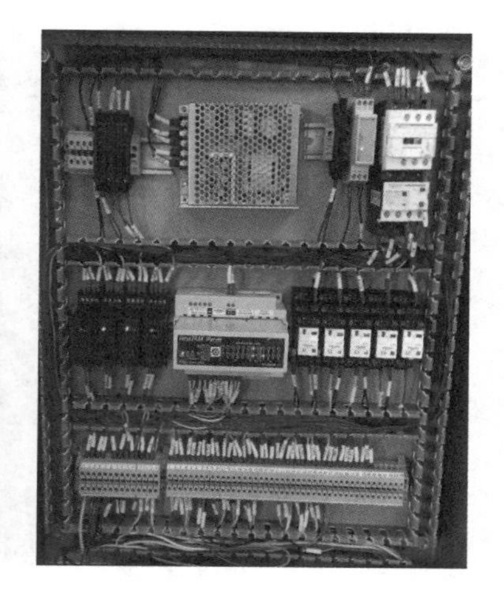

图 3-12　信号传输及供电系统

2. 工作原理

通过电动液压泵（或手动增压泵）将常压的液压油增压至井下安全截断阀开启所需要的压力并储存在蓄能器，开启井下安全截断阀；通过调压阀调至地面安全截断阀控制压力，开启地面安全截断阀；通过调压阀调至易熔塞先导压力投用易熔塞及高低压限位阀。井下安全截断阀、地面安全截断阀、易熔塞及高低压限位阀控制回路泄压后，相应关闭地面安全截断阀或井下安全截断阀。

3. 数据采集及传输

井口控制柜能够通过 RTU/PLC 采集到地面安全截断阀及井下安全截断阀的开关状态、易熔塞控制压力信号状态、油管压力和油管温度信号、套管压力和套管温度信号等，并将其传送至站控室。

4. 井口控制柜作用

井口控制柜的首要作用是安全保护功能，尤其在井场发生火灾、可燃气体泄漏、生产管线压力异常等情况下紧急关井，其次的作用是简化日常操作。

（1）现场紧急关断。控制柜面板上安装有紧急关断阀，当出现特殊情况时，用来关断井口安全截断阀。

（2）远程关井。通过 RTU 与 SCADA 系统相连，当发生一级、二级、三级关断时及通过人机界面给定模拟信号“井口关断”时，井口安全截断阀关闭。当站控室触发“井口紧急关断”按钮，井口安全截断阀或井下安全截断阀关闭。

（3）高低压保护关井。人工误操作、管线爆裂、堵塞、结蜡、结冰等情况下，当井口节流后的压力高于或低于设定值时，高低压先导阀动作，实现井口安全截断阀自动关断。

（4）易熔塞防火保护关井，通过易熔塞控制回路实现。当井口发生火灾，井口温度达到易熔塞熔化温度时，易熔塞控制回路实现自动泄压，关断该井口安全截断阀及井下安全截断阀。

（5）人工复位开井。通过现场复位，系统打压开启井下安全截断阀和井口安全截断阀，实现开井生产。

(6) 安全截断阀屏蔽。现场一些作业过程中，为避免安全截断阀异常关闭而关井，通过井口控制柜屏蔽安全截断阀。

井口控制柜具有自动稳压功能。当环境温度发生变化时，系统控制回路压力受到温度影响而发生变化，当压力低于某个设定点时，液压泵自动补压到设定压力；当压力高于某个设定点时，溢流阀自动泄压保证安全截断阀在正常压力范围内保持开启状态。

3.5 点火装置

为了生产安全和环境保护，避免次生灾害事故，必须对放喷所排出的有毒物质以及可燃气体在第一时间内进行点火燃烧。目前采气现场常用放喷泄压点火方式有长明火点火、魔术弹点火及电子点火等，火炬按燃烧器是否远离地面可分为地面火炬和高架火炬。电子点火不同厂家生产设备存在一些差异，本节主要介绍高含硫气井普遍应用、性能稳定的高能电子点火系统。

3.5.1 点火系统组成

点火系统包括点火控制系统及两套高空电点火装置。

3.5.1.1 点火控制系统

点火系统辅助部件包括篮式过滤器、调压阀、控制柜、燃料气管道及电磁阀组等，如图 3-13~图 3-16 所示。

3.5.1.2 高空点火装置

高空电点火装置含高能点火器、半导体点火电极、引火燃烧器及高压电缆等部件(图 3-17)。

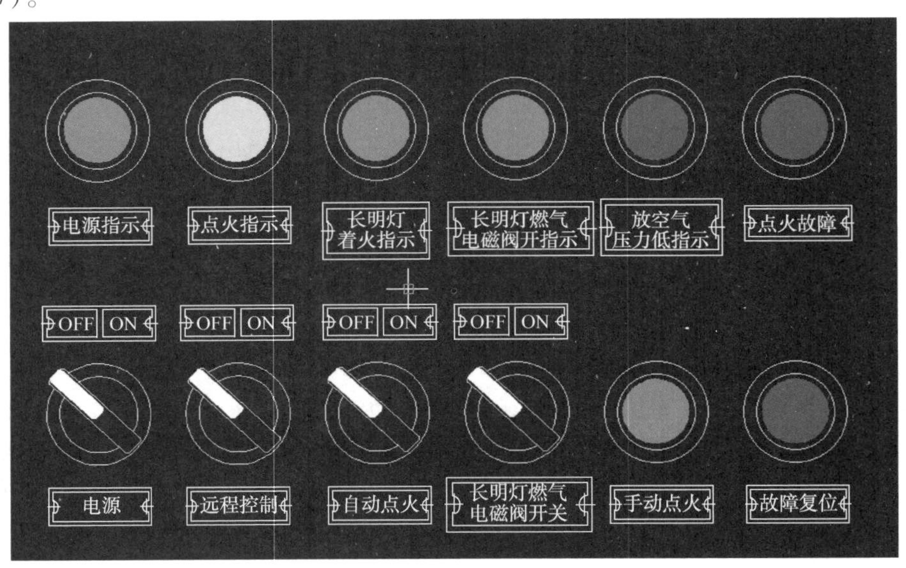

图 3-13 控制柜面板控制按钮

图 3-14　控制柜供电及信号传输、控制系统

图 3-15　燃料气过滤调压系统

图 3-16　燃料气切断

图 3-17　火炬及高空点火装置

高空火炬点火器使用安全可靠，火花能量大(20J)、寿命长(火花次数 2×10^5)自净能力强、抗污染、不结焦、不积炭、不受任何环境影响(可在水、冰、油、土、沙中正常发火)，电嘴、导电杆耐高温结构紧凑、合理、安装便利、点火迅速、点火按钮可远程操作，也可与自动控制系统配套使用。点火器采用航空点火技术，由安装在点火器后半部的高能半导体放电嘴产生火球，点燃燃料气(表 3-4)。

表 3-4　主要技术指标

使用环境温度	-20~75℃	防爆等级	ExdⅡBT4
工作电压	AC220V(±5%)　50Hz(±1%)	防护等级	IP65
最大消耗功率	1kW	防震等级	Ⅷ

3.5.2　点火方式

1. 自动点火

系统压力变送器检测到有放空气体，同时火焰探测器检测到未着火的情况下，系统先打开引火燃烧器管道上的电磁阀，高能半导体点火器放电嘴产生火球，火花将引火燃烧器点燃并由引火燃烧器引燃火炬，当火炬点燃后，火焰检测仪检测到火焰时，向控制系统发出着火信号。

每次20s点火后再停顿5s为一次点火过程，自动点火次数最多为5次，当最高5次点火后两路长明灯均未能成功点火，就地故障指示灯亮，需人工按故障复位键才能重置自动点火次数。

当压变监测到放空总管的压力超出压变量程(目前量程为0～0.26MPa)的30%时，紧急启用火炬的自动点火功能，且次数不受点火故障的影响，依然拥有5次点火机会。

2. 手动点火

手动点火方式为人为控制点火时间(30s)，按手动点火按钮，系统启动相应高能点火器及电磁阀，点火时间到时，系统停止点火并关闭电磁阀。

3. 故障复位

该按钮在点火故障指示灯亮的情况下适用，表示复位点火故障，重新启动点火的控制方式。

3.5.3 着熄火判定

火炬的两路长明灯分别有2个热电偶进行火焰监测，当程序监测到两个热电偶中的任意一个高于设定温度值的温度时，就地控制柜着火指示灯亮。只有当这两个热电偶均未发出信号时，就地控制柜着火指示灯灭。简单地说，着火判断标准为任意一路长明灯热电偶二选一，熄灭标准为两路热电偶二选二。

此外，当程序监测到其中一路温度均低于设定温度值时，此时虽然着火指示灯亮，当控制系统处于自动点火状态时，系统会对该路进行自动点火，而不会点燃另一路热电偶的长明火。

3.6 压井系统

节流与压井管汇是一套装有可调节流阀的专用管汇，通过调节节流阀控制各级压力，维持地层流体稳定。节流与压井管汇是实施气井压力控制技术必不可少的井控设备，在采气现场常采取节流、压井管汇一体的管汇台，主要由液动平板阀、手动平板阀、节流阀、测温测压套、丝堵、压力表、温度计等组成(图3-18)。

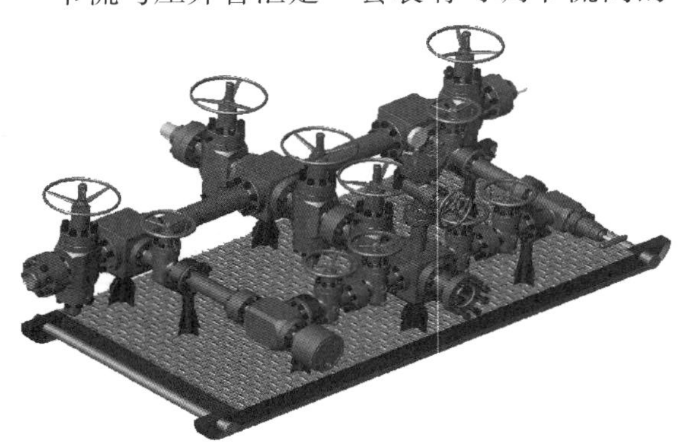

图3-18 节流与压井管汇台

1. 节流与压井管汇规格

1）节流与压井管汇表示方法

节流与压井管汇型号表示方法如图3-19所示，JG/S2—21表示手动控制

21MPa 级别含 2 个节流阀的节流与压井管汇。

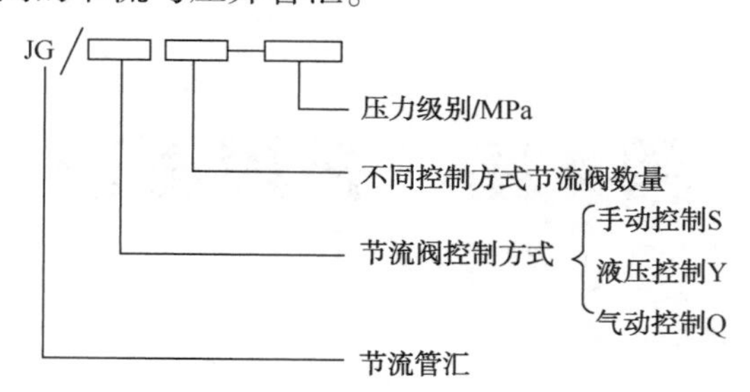

图 3-19　节流与压井管汇型号

2）节流与压井管汇常用级别

通径范围：$2\frac{1}{16}$~$4\frac{1}{16}$in。

压力等级：20.7~103.4MPa(3000~15000psi)。

制造级别：PSL3/4。

性能级别：PR1、2。

材料等级：EE、FF、HH。

温度等级：K(-60~82)、P(-29~82)、U(-18~121)、A(-20~82)、B(-20~100)。

通常，节流与压井管汇级别的选定与井口装置相匹配，高于该井最高关井压力一个等级。

2. 节流与压井管汇用途

(1) 节流降压作用。调节节流阀开度大小实现节流降压，控制井内流体流出井口，控制井口压力、维持井底压力，保持地层流体稳定。

(2) 压井作用。管汇台预留有压井接口，正常状态下采用丝堵封堵接口。当出现异常情况，必须压井作业时，通过预留口向井内泵入压井液，以便恢复和重建井底压力平衡。

(3) 分流、泄压作用。将流体引至放喷口，进行燃烧，同时降低井口压力，实施关井或其他作业。

第4章　井控管理

4.1　投产准备

为实现气井的安全、平稳、有序投产，保障气井投产后安全正常生产，因此，在气井投产前必须做好各项投产准备工作。

投产准备包括：人员准备、设备准备、资料准备、制度准备、开井准备等主要内容。

4.1.1　人员准备

1. 非含硫深井投产人员准备

人员准备主要根据气井测试产量大小、压力高低、井下和地面工艺流程情况进行岗位及人员设置，气井投产岗位设置及人员配备如下。

（1）地面安全控制系统液压岗，负责地面安全控制系统液压巡查、压力监测。

（2）高压区地面管汇台操作岗，负责地面管汇台压力调节、地面管汇台压力监测，地面管汇台应急处置，投产期间高压区间设置警戒区域的工作。

（3）低压区水套炉及流程操作岗，负责水套炉的温度以及气井压力的调节、流程区域的压力以及仪表的产量监测，做好置换期间的可燃气体浓度及含氧量的监测工作；做好投产前的流程检查，做好投产期间各种参数记录工作；做好投产期间各类资料的收集与整理工作。

2. 非含硫中浅层气井的投产

根据气井测试产量大小、压力高低以及井下和地面工艺流程情况进行岗位设置，一般设置如下：岗位员工负责巡检设备设施、管线巡检；排查、处理、上报问题；监护所有入场人员及施工教育监护；设备设施维护保养、清洁；做记录数据、资料记录。

3. 岗位要求

采气员工培训达标内容主要包括：了解气井所在气藏特点、熟练掌握新井投运操作方案、流程设备达到“四懂三会”，即懂性能、懂原理、懂结构、懂用途，会操作、会保养、会排除故障；能依据应急预案进行突发事件处理等。

现场操作人员上岗前必须具备：井控证、HSE证、压力容器证、上岗证、硫化氢证（操作人在含硫场所环境工作必须获取该证）。

4.1.2　设备准备

为保障气井开井的正常投运，生产物资保障是关键，在开井前要准备好所需物资，对易损物质进行充分准备，以保障生产的正常运行以及应急处理。

（1）易损件准备：主要包括管汇阀门密封圈、油嘴、节流阀、水套炉喷嘴、高压管汇阀门、高压 Y 型压力表针阀、调压阀密封圈、高压铜垫等易损件准备。

（2）配套专用工具准备：主要包括油嘴专用工具、防爆工具、节流针阀专用工具、内六角扳手一套、普通工具一套等专用工具。

（3）计量物资准备：主要包括计量仪器、仪表。

（4）安全物资准备：主要包括消防器材、气防气具，应急通讯。

4.1.3 资料准备

交接井书，投产/试采方案设计，站场五图(井深结构示意图、巡回检查示意图、站场平面示意图、流程管线走向示意图、站场逃生示意图)。

4.1.4 制度准备

井站的管理制度、泡排制度、巡回检查制度、交接班制度、岗位职责、安全管理制度、设备维护保养制度。

4.1.5 开井准备

气井开井前应通知站场值班人员检查流程各设备设施开关状态并关闭放空阀门。站场内安全阀前控制阀门必须处于常开状态。检查加热炉的水位及水温，确保高于工况 20℃后方可开井生产。

高压气井开井时要保持与集气站通讯联系，否则不允许开井作业。对于无法通讯联络的偏远地区，开井前必须提前交接清楚。

4.2 采气井控管理流程

采气井控是油田企业安全管理工作的重要内容之一。为保障人民生命财产和环境安全，维护社会稳定，采气井控管理实行分级管理：分别是油田企业级、采气厂级、采气管理区级、采气站场级。

按照“谁主管，谁负责”“管生产必须管井控”和“管专业必须管井控”的原则，各级井控管理工作重点各不相同。

油田企业级的采气井控重点工作有：组织贯彻落实国家安全生产法规和行业井控安全技术标准及企业规范；健全井控管理机构；组织制(修)订相关制度、规范和实施细则；发生井控突发事件时，按照规定程序启动井控突发事件应急预案。

采气厂级的采气井控重点工作有：落实企业级的井控实施细则，是所属区域内生产井、长停井和废弃井的采气井控管理直接责任主体单位，按照采气井控风险实施分级管理，每季度组织采气井控安全专项检查、召开工作例会，发生井控突发事件时，及时组织抢险。

采气管理区的采气井控重点工作有：执行企业级的井控实施细则，是本管理区采气井控工作的责任主体；建立健全井控工作管理机构；每月组织采气井控安全专项检查、召开工作例会；组织采气井控演练；接受上级的采气井控检查，对检查发现的问题和隐患进行整改；发生井控突发事件时，及时实施抢险；配合采气井控事件调查，提供真实材料。

采气站场的采气井控重点工作有：当班员工是本站所管辖的生产井、长停井和废弃井井控工作的执行者，按照采气井控管理规定与技术要求，对生产状态、井口装置、井安系统、仪器仪表进行定时巡回检查并记录；向站场周边居民进行安全告知，发现异常及时处置并汇报；出现井控事件时，实施警戒；对井控设备设施按期维护并记录，参与应急预案编制，参加每周的井控例会及井控应急演练，做好采气井控迎检工作。

4.3 日常巡检内容

4.3.1 非含硫生产井日常巡检内容

1. 巡回检查内容

（1）检查各阀门开关状态、标识是否正确，附件是否齐全完好，仪表及各连接件是否存在渗漏。

（2）检查分离器、污水罐的液位计读数。

（3）检查进出站管线压力，站内井井口压力、环空压力、井安系统压力和温度等。

（4）检查水套炉温度。

（5）检查气井工作制度。

（6）检查消防器材。

2. 检查路线

采气站：井口-管汇台—水套加热炉—分离器(安全阀)—计量装置—出站—污水罐。

集输气站：进站管线—分离器—(增压机)—计量装置—出站管线—污水罐。

3. 检查时间

交接班前进行巡回检查，班中巡回检查不少于1次/h，高压井巡回检查不低于2次/h。

4.3.2 含硫生产井日常巡检内容

4.3.2.1 集中脱硫生产井巡检内容

1. 巡回检查内容

（1）检查各阀门开关状态、标识是否正确。

（2）检查各装置附件是否齐全完好。

（3）检查各连接件部位有无跑、冒、滴、漏。

（4）检查流程压力、温度、液位等工艺参数是否在正常范围内。

（5）检查液动阀门控制压力是否正常，开关状态是否正确。

（6）检查各指示、报警灯显示是否正常。

（7）检查逃生门是否关闭。

（8）检查天然气发电机试运行是否正常。

（9）检查甲醇、缓蚀剂标定是否正确。

（10）检查消防器材。

（11）检查机柜指示灯是否正常，显示屏上的参数是否正常，机柜房内温湿度是否正常。

2. 检查路线

采气站：井口区－管汇台—水套加热炉—多相流计量撬（分水分离器）—缓蚀剂加注撬—燃料气调压分配撬—火炬分液罐—污水缓冲罐—发球筒区—天然气发电机—放空火炬区—高、低压配电室—UPS室—机柜室。

集输气站：井口区—管汇台—水套加热炉—多相流计量撬（分水分离器）—生产分离器—缓蚀剂加注撬—燃料气调压分配撬—火炬分液罐—污水缓冲罐—发球筒区—放空火炬区—高、低压配电室—UPS室—机柜室。

3. 检查时间

交接班前进行巡回检查，班中巡回检查不少于4h一次。

4.3.2.2 单井脱硫生产井巡检内容

1. 湿法脱硫巡检内容

（1）当班站长：HSE值班室—井口区—节流区—脱硫区—流程区—污水回收区—硫黄回收区—净化区—火炬区—化验室区，每日巡回检查两次。

（2）外操岗：井口区—节流区—脱硫区—流程区—污水回收区—硫黄回收区—火炬区，含硫区每1h巡回检查一次，非含硫区每4h巡回检查一次。

（3）机修岗：井口区—节流区—脱硫区—药剂处理区—硫黄回收区—净化区，每日巡回检查两次。

（4）锅炉岗：蒸汽锅炉房—造粒机撬—液硫池—熔硫釜撬，每4h巡回检查一次。

（5）硫黄成型岗：熔硫釜撬—液硫池—脱硫塔撬—造粒机撬—硫黄仓储棚，每日巡回检查3次。

2. 干法脱硫巡检内容

1）巡回检查内容

（1）检查各阀门开关状态、标识是否正确。

（2）检查各装置附件是否齐全完好。

（3）检查各连接件部位有无跑、冒、滴、漏。

（4）检查流程压力、温度、液位等工艺参数是否在正常范围内。

（5）检查液动阀门控制压力是否正常，开关状态是否正确。

（6）检查脱硫塔、出站硫化氢含量。

（7）检查出站瞬时输气量。

（8）检查空压机运行是否正常。

（9）检查消防器材。

（10）检查机柜指示灯是否正常，显示屏上的参数是否正常。

2）检查路线

井口区—管汇台—分水分离器—水套加热炉—在线硫化氢监测仪—出站—脱硫塔—污水缓冲罐—脱硫剂储存区—空压机房—机柜室。

3）检查时间

交接班前进行巡回检查，班中巡回检查不少于1次/h。

4.3.3 长停井日常巡检内容

（1）长停井每月至少巡检一次。

（2）检查进入井场的道路条件、民房与井口的距离、井场围墙及井口房状况、井场土地是否被占用、井口房是否喷涂警示标语及应急电话、井场有无水患或山体滑坡可能、采气管线有无锈蚀或被盗、地表有无窜气等。

（3）检查长停井在地面是否有明确标志，井口装置设计参数是否应足以控制流体以及在油管、套管和所有环空中出现的异常高压。检查井口装置是否齐全、各零部件锈蚀腐蚀情况、压力表是否完好，套管头、油管头有无泄漏，井口各层套管环空有无窜气、窜气量是否增加。

（4）巡检中若发现井口有腐蚀、损坏、缺失、窜气等问题，应立即进行维护，恢复原状；若采气管理区不能处理，应及时上报采气厂。

4.3.4 废弃井日常巡检内容

（1）废弃井检查周期：含H_2S、CO_2等酸性气体的井至少每半年应巡检一次，其他井至少每年应巡检一次。

（2）检查进入井场的道路条件、民房与井口的距离、井场围墙及井口房状况、井场土地是否被占用、井场有无水患或山体滑坡可能、采气管线有无锈蚀或被盗、地表有无窜气等。

（3）检查井口装置是否齐全、各零部件锈蚀腐蚀情况、压力表是否完好，并求取井口压力；检查井口各个阀门、法兰及其他密封部位有无泄漏，套管头、油管头有无泄漏，井口各层套管环空有无窜气、窜气量是否增加。

（4）检查中若发现井口有腐蚀、损坏、缺失、窜气等问题，应立即进行维护，恢复原状；若采气管理区不能处理，应及时上报采气厂。

4.4 井控记录内容

4.4.1 非含硫生产井记录内容

1. 低压井记录标准（井口输出压力5MPa以下定义为低压，井下节流气井按套压划分）

（1）站内低压井（单输井）每4h记录井口油压、套压、井安系统压力、上流压力、下流温度、出站压力、瞬时产量。

（2）站内低压井（合输井）每4h记录井口油压、套压、井安系统压力。

（3）站外低压气井每天记录进站压力、上流压力、下流温度、出站压力，每天进行外井巡查，录取井口压力、环空压力、井安系统压力。

2. 高压井记录标准（井口输出压力5MPa以上定义为高压，井下节流气井按套压划分）

（1）站内高压气井（单输）每小时记录井口油压、套压、套管环空压力、井安系统压力、上流压力、下流温度、出站压力、瞬时流量。

（2）站内高压气井（合输）每小时记录井口油压、套压、套管环空压力、井安系统压力。

（3）站外高压气井（单输）每小时记录进站压力、上流压力、下流温度、出站压力、瞬时流量，每天进行外井巡查，录取井口压力、环空压力、井安系统压力。

（4）站外高压气井（合输）每小时记录进站压力，每天进行外井巡查，录取井口压力、环空压力、井安系统压力。

4.4.2 含硫生产井记录内容

4.4.2.1 集中脱硫生产井记录内容

1. 每4h记录内容

（1）井口装置：井口油压、油温、套压、套温、技套2压力、技套1压力、表套压力。

（2）一级节流：节流阀开度，节流压力、温度，甲醇加注瞬时流量、累计加注量。

（3）二级节流：节流阀开度。

（4）分水分离器：分水分离器压力、温度、液位，缓蚀剂加注瞬时流量、累计加注量，超声波瞬时气量、累计气量，瞬时排液量、累计排液量。

（5）水套加热炉：进口压力、温度，一级加热后温度，三级节流阀开度，三级节流压力、温度，二级加热后温度，水浴温度，水套加热炉液位，自耗气瞬时流量、累计量。

（6）生产分离器：压力、温度、液位。

（7）液罐液位：火炬分液罐、甲醇加注橇、缓蚀剂加注橇等液罐液位。

（8）过站及出站：压力、温度，外输甲醇加注瞬时流量、累计加注量。

（9）燃料气调压分配撬：来气压力、温度，燃料气瞬时流量、累计量。

（10）天然气发电机：燃料气流量。

2. 每天记录内容

（1）日产气量、日产液量。

（2）控制柜系统压力、易熔塞回路压力、井下安全截断阀控制压力、地面安全截断阀控制压力。

（3）甲醇、缓蚀剂标定值。

（4）生产运行情况。

4.4.2.2 单井脱硫生产井记录内容

1. 湿法脱硫生产井记录内容

含硫气井采气生产系统，每小时记录井口油压、套压、环空压力、井安系统压力、各级节流温度及压力、出站温度、出站压力、瞬时产气量；每天记录地层水产量。脱硫及回收系统，每小时记录循环液量、各塔罐内液位高度，各脱硫塔进出口压力，贫液泵的运行参数，硫黄回收系统的设备运行参数；每天记录硫黄的产出量；每次记录补入系统脱硫剂、碱、铁等药剂用量。每2h记录硫化氢外输气浓度，每天记录缓蚀剂加注撬液位、加注量，每小时记录缓蚀剂加注泵压力。

2. 干法脱硫生产井记录内容

(1) 每小时记录：井口油压、套压、技套、套管环空压力；井安系统压力；节流前压力、温度；一级、二级、三级节流压力、温度；水套炉燃气压力、水浴温度；分水分离器压力、温度、液位；上流压力、下流温度、出站压力、瞬时流量；脱硫塔压力、温度、进出口硫化氢含量；上流压力、温度；瞬时输气量。

(2) 每班记录：水产量、缓蚀剂加注量。

(3) 每天记录：产气量、自耗气量、输气量、产水量、水气比、工作制度、原料气硫化氢含量、净化气硫化氢含量、生产运行情况。

4.4.2.3 含硫待投产井记录内容

每12h记录气井油压、套压、环空压力、井安阀运行压力。

4.4.3 长停井记录内容

建立长停井定期检查记录制度，并按时进行巡井，录取压力、渗漏等资料。检查记录内容：井口油压、套压、环空压力，井口现状维护保养情况的描述记录，检查发现的问题记录。

4.4.4 废弃井记录内容

每次检查和进行井口装置维护保养后，应该详细记录井口油压、套压、环空压力，井口现状维护保养情况的描述记录，及时归入台账；各采气管理区建立数据台账，按时更新台账内容，并定期将数据台账上报采气厂存档备查。

4.5 异常处置

在天然气的开发过程中，由于气藏地质情况的不同，确定了气井类型、开采工艺、开发技术的不同，导致气井完井方式、井身结构、井口装置、地面工艺流程的不同，从而影响气井安全生产的因素较多。在采气过程中可能遇到的异常情况各不相同，处置异常情况的方法也会千差万别。下面推荐几种常见异常情况的处置方法。

1. 异常情况一：7、8(9)、10(11)号阀门泄漏处理(图4-1)

(1) 迅速关闭4号阀。

(2) 停电、停加热设备。

(3) 切断下流气源放空。

(4) 向采气管理区汇报，做记录。

（5）分析原因进行处理。

（6）恢复生产。

（7）做好记录，总结经验教训。

2. 异常情况二：1、2、3 号阀门外侧泄漏且阀门能关闭完好的处理

（1）迅速找到泄漏点，及时向管理区汇报。

（2）停电、停加热设备。

（3）关闭泄漏阀门。

（4）关闭下游阀门。

（5）放空泄压。

（6）分析原因进行处理。

（7）恢复生产。

（8）做好记录，总结经验教训。

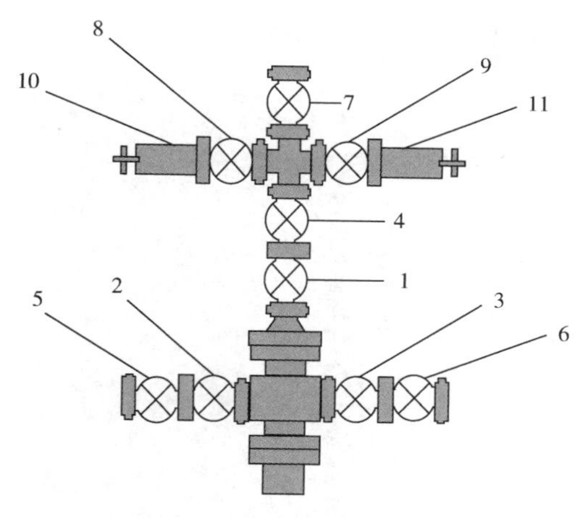

图 4-1　井控装置阀门编号

3. 异常情况三：1、2、3 号阀门内侧泄漏处理

（1）站长组织值班人员迅速找到泄漏点，及时向管理区井控领导小组汇报。

（2）停电、停加热设备。

（3）根据管理区井控领导小组的指示，启动应急预案。

（4）按应急预案设置警戒区域。

（5）控制天然气扩散区火源。

（6）根据管理区井控领导小组指示是否报地方公安、消防部门，并采取措施控制事态变化。

（7）参与实施管理区井控领导小组下达的抢险方案。

4. 异常情况四：1、2、3 号阀门外侧泄漏且阀门不能关闭完好的处理

此种情况的处置方法与异常情况三相同。

5. 异常情况五：井内油管断落

（1）启动班组应急预案，增大采气量，降低油压、套压。

（2）向管理区井控领导小组汇报。

（3）参与实施管理区井控领导小组下达的抢险方案。

（4）确认井内油管断落，立即增加采气量，降低油压、套压。

（5）报上级部门，安排人员进行处理。

6. 异常情况六：生产套管破裂

（1）发现井口窜气量或环空压力不断增加，判断生产套管破裂。

（2）启动班组应急预案，立即增大采气量，降低油压、套压。

（3）向管理区井控领导小组汇报。

（4）参与实施管理区井控领导小组下达的抢险方案。

7. 异常情况七：地面紧急截断阀的异常关闭(图 4-2)

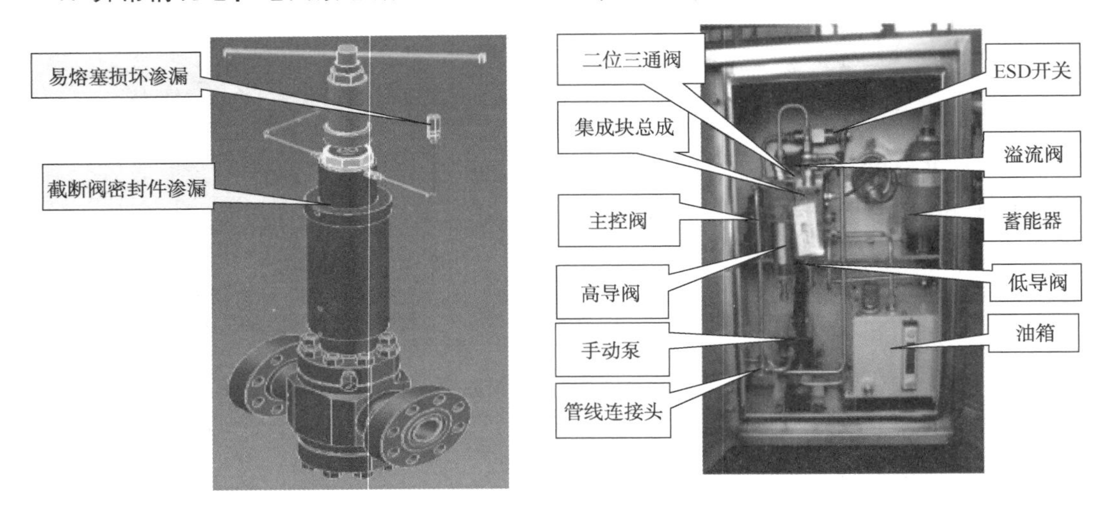

图 4-2 地面紧急截断阀

1）地面截断阀异常

（1）易熔塞渗漏液压油，截断阀自动关闭，检查易熔片发生变形或损坏，更换易熔片。

（2）易熔塞漏液压油，截断阀自动关闭，易熔片经高温烧烤后熔化，检查易熔塞损坏，更换易熔塞。

（3）截断阀顶部渗漏，截断阀自动关闭，检查截断阀顶部密封件发生变形或损坏，更换密封件。

（4）恢复生产。

（5）做好记录，做好案例分析。

2）地面控制柜异常

（1）由于人为因素造成控制柜系统异常。

① 高导阀、低导阀压力设定过低或过高，受气流波动或压力变化井安系统自动关闭，检查高、低导压阀设定值，重新设定高、低导压阀压力。

② 人为打开 ESD 开关，井安系统自动关闭，检查 ESD 开关状况，关闭 ESD 开关。

③ 取压点气液转换器使用时间长，未排液，液体进入油箱内造成液压油变质乳化，时间长后无法补压，井安系统自动关闭，检查油箱内是否有液体，液压油是否变质乳化，如有液体或液压油变质，则更换液压油。

④ 恢复生产。

⑤ 做好记录，做好案例分析。

（2）回路油管线渗漏液压油，控制柜系统异常。

① 主控阀内漏，井安系统自动关闭，检查主控阀内密封件是否老化，如出现老化更换密封件；检查主控阀单向阀本体是否有被磨损的痕迹，如有被磨损的痕迹，更换单向阀；主控阀内有污物，用柴油清洗。

② ESD 开关内漏，井安系统自动关闭，检查 ESD 开关密封件是否老化，如出现老化更

换密封件；检查ESD开关密封端是否有被磨损的痕迹，如有被磨损的痕迹，更换ESD开关；ESD开关内有污物，用柴油清洗。

③ 溢流阀内漏，井安系统自动关闭，检查溢流阀设定压力值是否过低，如设定压力过低，增大溢流阀设定压力。

④ 恢复生产。

⑤ 做好记录，做好案例分析。

（3）蓄能器氮气压力不足——控制柜系统异常。

① 蓄能器氮气压力不足，造成井安系统稳压时间短，压力降低快，井安系统自动关闭，检查蓄能器氮气压力是低于，如压力过低，充氮气压力至储能器氮气正常压力范围内（一般为7MPa左右）。

② 蓄能器氮气压力不足，造成井安系统稳压时间短，压力降低快，井安系统自动关闭，检查蓄能器压力，充氮气压力至储能器氮气正常压力范围内（一般为7MPa左右），无法稳压，证明蓄能器内气囊老化，更换蓄能器。

③ 恢复生产。

④ 做好记录，做好案例分析。

（4）手动泵异常。

① 手动泵内漏，井安系统自动关闭，检查手动泵控制阀内部密封件是否老化，如老化则更换密封件。

② 手动泵内漏，井安系统自动关闭，检查手动泵控制阀内单向阀本体是否有被磨损的痕迹，如有被磨损的痕迹，则更换单向阀。

③ 手动泵内漏，井安系统自动关闭，检查手动泵控制阀内是否有污物，如有污物，用柴油清洗。

④ 恢复生产。

⑤ 做好记录，做好案例分析。

（5）管线渗漏异常。

① 管线连接处出现渗漏现象，井安系统自动关闭，检查管线连接处密封件是否老化，如老化则更换密封件。

② 管线连接处出现渗漏现象，井安系统自动关闭，检查管线连接处卡套是否变形，如有变形则更换卡套。

③ 管线连接处出现渗漏现象，井安系统自动关闭，检查管线连接处丝扣是否完好，如有损坏则更换管线连接头。

④ 恢复生产。

⑤ 做好记录，做好案例分析。

8. 异常情况八：井口安全系统异常处置

1）电机故障

临时采用手动泵进行打压，加强巡检密度，尤其是最初1~2d，观察压力降的规律，保证系统压力维持在安全值以上。

2）电磁阀故障

当电磁阀出现故障时往往已关井，要实现在此情况下的开井功能，需按如下步骤解决。

（1）在无电情况下或井口安全截断阀开关按钮无效的情况下，可以旋转电磁阀旁通至手动关井模式，强制打开井下安全截断阀及井口安全截断阀(图 4-3)。

图 4-3　电磁阀旁通阀

（2）将对应安全截断阀的大先导阀手柄拧到底，故障解决后再将手柄松至原位置(图 4-4)。

图 4-4　安全截断阀的大先导阀

3）井下安全截断阀阀瓣下面的压力高于上面的压力导致不能打开

（1）如果井下安全截断阀有自平衡装置，关闭采油树出口，将控制柜控制压力打够，观察油压，等待油压自平衡至关井油压，重新打压开启安全阀，开井生产即可判定井下安全截断阀是否打开。

（2）用泵车油管内加压正推阀瓣直至打开井下安全截断阀[可观察到控制压力有突降 6.9~13.8MPa(1000~2000psi)]。

（3）下锁定常开工具将井下安全截断阀锁定在常开状态生产。

4）由于结蜡导致阀瓣不能打开。

管内注柴油或原油浸泡 1~2d，然后控制管线打压打开井下安全截断阀。

5）井下安全截断阀关闭不严

（1）阀瓣处有脏东西：用清水或柴油正冲阀瓣处，将脏东西清洗干净。

（2）阀瓣损坏：更换安全阀或将安全阀锁定在常开状态生产。

9. 异常情况九：硫化氢泄漏应急处置

1）应急处置原则

（1）岗位人员应急处置原则。

先保护，后确认；先处置，后汇报；先控制，后撤离。

① 先保护，后确认：指在个人确保安全的前提下对事故直接原因进行确认。

② 先处置，后汇报：紧急情况下先进行技术处置，然后按程序汇报。

③ 先控制，后撤离：指站场人员撤离时应首先将站场关断，然后撤离。

（2）工艺处置原则。

① 迅速关断，切断气源。

② 能保压，不放空；能放空，不外泄。

③ 就近截断，就近放空；避免小泄漏、大关断。

主要目的是将含硫化氢天然气体总的泄漏量控制到最小，对生产造成的影响降低到最小。

④ 针对含硫化氢天然气体泄漏源处的点（灭）火原则。

A. 泄漏源处火未着，放空点火要优先；泄漏源处火已着，降温、防爆排在前。

B. 场内泄漏不点火，控制势态不扩大；管道泄漏酌情定，危及生命及时点。

集输站场内泄漏原则上不允许点火，以控制势态不扩大为原则。在泄漏局面可以控制的前提下，要采取灭火的措施。

为避免发生装置或人员密集区域火灾爆炸、中毒等难以挽回的巨大经济损失或势态恶化，点火、灭火都要慎重，在危及人员生命或导致工艺上无法控制的局面可能发生时，应视具体情况，由现场最高级别指挥人员下达点火或灭火指令。

（3）后期处理原则。

检测洗消要全面，安全确认再生产。

硫化氢泄漏区域，事发后坑、洞、池等低洼区域要进行硫化氢检测，实施吹扫、酸碱中和、稀释等方式，消除残留硫化氢。在安全的条件下，再进行恢复生产的工作。

2）应急处置程序

（1）站场硫化氢泄漏（浓度小于100ppm）应急处置程序（表4–1）。

表4–1　站场硫化氢泄漏（浓度小于100ppm）应急处置程序

步骤	处　置	负责人
异常发现	监控室人机界面显示或现场值班（巡检）人员发现硫化氢浓度1～100ppm。未达到ESD–3关断条件	现场值班（巡检）人员、监控室人员
确认	1. 迅速正确佩戴正压式空气呼吸器和便携式硫化氢检测仪，现场确认； 2. 紧急请求监控室人员进行现场监控； 3. 现场确认泄漏点位置（1人监护）	现场值班（巡检）人员、监控室人员

续表

步骤	处 置	负责人
现场处置	根据应急处置工艺措施对现场工艺流程进行应急处理。通知留守人员做好外围警戒和检测，并和井站周边村组联系	现场值班（巡检）人员、监控室人员 片区倒班公寓留守人员
应急报告	向中心调度室报告泄漏发生的时间、位置、硫化氢浓度、处置情况	巡检、集中监控室人员

（2）站场硫化氢泄漏（达到ESD-3关断条件）应急处置程序（表4-2）。

表4-2 站场硫化氢泄漏（达到ESD-3关断条件）应急处置程序

步骤	处 置	负责人
异常发现	监控室人机界面显示或现场值班（巡检）人员发现硫化氢报警达到ESD-3关断条件	现场值班（巡检）人员、监控室人员
确认	1. 迅速正确佩戴正压式空气呼吸器和便携式硫化氢检测仪，现场确认 2. 紧急请求监控室人员进行现场监控 3. 现场确认泄漏点位置（1人监护）	现场值班（巡检）人员、监控室人员
现场处置	1. 启动ESD-3级关断按钮 2. 根据泄漏点位置打开井口BDV旁通流程或低压BDV旁通流程放空 3. 对泄漏部位，使用防爆排风扇吹散泄漏气体 4. 通知留守人员做好外围警戒和检测，并和井站周边村组联系	现场值班（巡检）人员、监控室人员
应急报告	向区调度室报告泄漏发生的时间、位置、硫化氢浓度、处置情况等	现场值班（巡检）人员、监控室人员

（3）站场泄漏引发火灾、爆炸应急处置程序（表4-3）。

表4-3 站场泄漏引发火灾、爆炸应急处置程序

步骤	处 置	负责人
异常发现	监控室人机界面显示或现场值班（巡检）人员发现火焰探测器报警	现场值班（巡检）人员、监控室人员
确认	1. 迅速正确佩戴正压式空气呼吸器和便携式硫化氢检测仪，现场确认 2. 紧急请求监控室人员进行现场监控 3. 通过站场工业电视监控系统或现场值班（巡检）人员现场确认着火点位置及火势大小	现场值班（巡检）人员、监控室人员
现场处置	1. 立即触发ESD-3关断按钮 2. 根据火势情况，使用灭火器对着火部位进行灭火 3. 根据应急处置工艺措施对现场工艺流程进行应急处理 4. 通知留守人员做好外围警戒和检测，并和井站周边村组联系	现场值班（巡检）人员、监控室人员
应急报告	向区调度室报告事件发生的时间、区域、类型、处置情况	现场值班（巡检）人员、监控室人员

（4）站场井口装置失控应急处置程序(表4-4)。

表4-4　站场井口装置失控应急处置程序

步骤	处　　置	负责人
异常发现	气井发生井口装置失控	现场值班(巡检)人员、监控室人员
确认	1. 迅速正确佩戴正压式空气呼吸器和便携式硫化氢检测仪，现场确认 2. 紧急请求监控室人员进行现场监控 3. 通过站场工业电视监控系统确认井口装置失控的井号及井口装置失控的程度	现场值班(巡检)人员、监控室人员
现场处置	1. 立即远程触发关闭该井的井下安全阀并确认 2. 立即触发ESD-3关断按钮 3. 按照逃生路线撤离至指定集合地点，出站时再次触发逃生门处ESD-3关断按钮	现场值班(巡检)人员、监控室人员
应急报告	向区调度室报告事件发生的时间、区域、类型、处置情况等	现场值班(巡检)人员、监控室人员

（5）放空过程火炬熄火应急处置程序(表4-5)。

表4-5　放空过程火炬熄火应急处置程序

步骤	处　　置	负责人
异常发现	监控室人机界面发现放空过程中火炬熄火，或现场值班(巡检)人员肉眼发现火炬熄火	现场值班(巡检)人员、监控室人员
确认	1. 迅速正确佩戴正压式空气呼吸器和便携式硫化氢检测仪，现场确认 2. 紧急请求集中监控室人员进行现场监控 3. 现场确认火炬运行情况	现场值班(巡检)人员、监控室人员
现场处置	1. 井口放空区放空时发生熄火：关闭井口高压放空区BDV进口闸阀(或BDV旁通闸阀)，停止放空 2. 生产流程区放空时发生熄火：关闭低压BDV进口闸阀(或低压BDV旁通闸阀)，停止放空 3. 如果在ESD-3级泄压关断时放空发生火炬熄火，关闭高低压BDV前闸阀	现场值班(巡检)人员、监控室人员
应急报告	向中心调度室报告事件发生的时间、区域、类型、处置情况	现场值班(巡检)人员、监控室人员

第5章 井控操作

5.1 生产阀门的更换操作

5.1.1 准备工作

1. 准备要求

（1）上级主管部门的通知指令（如涉及高处作业或进入受限空间等，需要办理相应的作业许可）。

（2）更换生产阀门所用的工具用具及劳保用品（必要时需要起重设备）。

（3）与原生产阀门规格型号相同的阀门1只，且试压合格。

（4）井口周边场地清洁、平整（必要时建操作平台）。

（5）JSA（工作危害分析）。

2. 材料准备

序 号	名 称	规 格	数 量	备 注
1	井口阀门		1只	现场确定型号
2	阀门密封钢圈		2个	现场确定型号
3	润滑脂		0.5kg	

3. 设备准备

序 号	名 称	规 格	数 量	备 注
1	井口装置		1套	

4. 工具、用具、量具准备

序 号	名 称	规 格	数 量	备 注
1	专用套筒扳手		1套	
2	活动扳手	375mm	2把	
3	活动扳手	250mm	1把	
4	活动扳手	300mm	1把	
5	清洗液		适量	
6	油盆		1个	
7	抹布		适量	
8	验漏液（仪）			
9	记录工具		1套	

5.1.2　操作步骤

（1）关闭4号(或1号)阀门，关闭与之相邻的下游阀门(或管汇台阀门)。
（2）放空管线中的高压气。
（3）按操作规程拆卸要更换生产阀门两端的螺栓。
（4）取下被拆卸的旧生产阀门。
（5）清洗采气树被拆卸阀门两端的法兰盘及密封面，并进行保养。
（6）将合格的新阀门安装到采气树，并紧固螺栓。
（7）关闭放空，验漏、试压。
（8）恢复生产。
（9）收拾工具、用具，场地清理，做好记录。

5.1.3　技术要求

（1）新阀门与原采气树型号规格必须一致，启检验、试压合格。
（2）钢圈、螺栓、垫片等应规格型号一致启符合要求。
（3）关井应按操作要求进行。
（4）高压放空应按操作规程进行。
（5）风险提示。
①井场要符合安全作业条件。
② 注意高处作业应注意高处作业操作要求，防范高处坠落。
③ 拆卸阀门前应确定压力为零，严禁带压拆卸操作。
④开关阀门时，身体任何部位严禁正对阀杆。
⑤高压放空时，应控制合理速度。

5.1.4　考核标准

序　号	评分标准	标准分
1	未接到生产指令、未做JSA分析(未办理相关许可)，每项扣5分	10
2	工具用具多选、少选或错选一件，扣1分	5
3	工装不符合要求，扣5分	5
4	新阀门型号规格错误、未试压，不得分	20
5	井口不满足工作需要，扣5分	5
6	关闭阀门顺序错误，扣10分	10
7	放空不按规定，扣5分	5
8	拆卸螺栓未按规范，扣5分	5
9	拆卸旧阀门、安装新阀门发生撞击，扣5分	5

续表

序号	评分标准	标准分
10	未保养法兰密封面，扣5分	5
11	螺栓未对角紧固，扣5分	5
12	未验漏、试压，扣5分	5
13	未按规程恢复生产，扣10分	10
14	未清理场地、记录，扣5分	5
定额		100
备注	操作步骤错误或发生安全事故，该项目不得分	

5.2 油嘴的更换操作

5.2.1 准备工作

1. 准备工具、用具

1）材料准备

序号	名称	规格	数量	备注
1	清洗液		2kg	
2	棉纱		0.5kg	
3	润滑脂		0.5kg	
4	O形密封圈		2个	
5	验漏液		1瓶	
6	铜垫		1个	
7	油盆		1个	
8	毛刷	50mm	2把	

2）设备准备

序号	名称	规格	数量	备注
1	固定式油嘴	根据生产要求选配	1个	

3）工具、用具准备

序号	名称	规格	数量	备注
1	活动扳手	250mm、300mm	各1把	
2	平口螺丝刀	300mm	1把	
3	油嘴拆卸工具		1套	

续表

序　号	名　称	规　格	数　量	备　注
4	钢丝刷		1把	
5	剪刀		1把	
6	锤子	0.25kg	1把	
7	管钳	480mm	1把	

2. 劳保和防护用品

（1）按要求穿戴好防静电工作服、安全帽、劳保鞋，若在硫化氢环境下工作还要佩戴好硫化氢检测仪和正压式空气呼吸器。

（2）检查井口流程，确认固定式油嘴套的安装位置。

（3）选用外观无损坏、油嘴直径和压力级别满足生产要求的新油嘴。

5.2.2　操作步骤

（1）开启管汇台采气旁通阀门，通过节流阀合理控制好节流前后的压力和流量。

（2）先关闭油嘴套前阀门，待压力降到同阀后压力一致后关闭油嘴套后阀门。

（3）开启油嘴套上的油嘴泄压阀，动作需缓慢，人员不能正对泄压孔。泄压后泄压阀出口端应无天然气。

（4）使用管钳拆卸油嘴套压盖，松动后活动压盖，确认油嘴套内无压力，再拆下压盖。

（5）注意观察油嘴无堵塞后使用油嘴拆卸工具拆卸油嘴。

（6）清洗油嘴套内腔室。

（7）检查油嘴套内腔密封面、丝扣有无损坏，若损坏需更换油嘴套。

（8）均匀涂抹少量黄油在油嘴套、油嘴密封面、丝扣上。

（9）按顺序安装新油嘴、油嘴套压盖。

（10）关闭油嘴泄压阀。

（11）缓慢开启油嘴套前控制阀门，倒气进行验漏，开启油嘴套后阀门。

（12）缓慢关闭旁通阀，恢复生产。

（13）做好记录。

5.2.3　技术要求

（1）在不关井更换油嘴的前提下先开启旁通阀门，调节好旁通阀后的流量和压力。

（2）先关闭油嘴套前阀门，待阀后压力平衡后再关闭油嘴阀后的阀门。

（3）泄压时人员不能正对泄压口。

（4）拆卸油嘴套压盖时，人员不能正对压盖，需侧面拆卸。注意观察阀内有无余压，防止压盖冲出伤人。

（5）压差拆卸后认真检查油嘴是否堵塞，若堵塞需注意油嘴节流后是否有余压。

（6）安装油嘴和压盖时需在丝扣上涂抹少量黄油。

5.2.4 考核标准

序号	评分标准	标准分
1	未准备工用具、材料，扣5分，错、漏一项扣1分	5
2	劳保和防护用品不符合要求，该项不得分	5
3	倒换流程每错、漏一次，扣3分	10
4	泄压动作过大扣2分，人员正对泄压孔，扣3分	5
5	未检查阀腔余气，扣3分；泄压阀落地、落槽，每一次扣2分	10
6	未检查油嘴堵塞情况直接拆卸，扣5分、少拆卸一件，扣3分	10
7	未清洗检查油嘴、铜垫、O形橡胶圈、阀腔一项，扣2分	5
8	未润滑一件，扣1分	5
9	油嘴未安装到位，扣5分；少组装一样，扣3分；未上紧油嘴扣，5分；操作程序混淆，一次扣5分	10
10	未润滑一处，扣1分；压盖未安装到位，扣5分；未装O形圈，扣5分；漏气，扣3分	5
11	未紧固就开气，扣5分；漏气，扣3分	5
12	未先开低压阀门，扣3分；一处泄漏，扣2分；未验漏，扣3分	10
13	关闭旁通阀顺序错误，扣3分；闸阀开关不到位，扣2分	5
14	记录有关数据，资料错、漏一处，扣1分	5
15	工具、设备、场地清洁、未做一处，扣2分	5
定额		100
备注	操作步骤错误或发生安全事故，该项目不得分	

5.3 针形阀的更换操作

5.3.1 准备工作

（1）正确穿戴劳保齐全(安全帽、工装、劳保鞋、手套)。

（2）备好475mm扳手2把、900mm管钳1把、30mm起子1把、钢丝刷1把、棉纱适量、清洗液适量、验漏液适量、油盆1个、黄油适量。

（3）确认流程气流走向和所换针阀所处位置、各相关阀门开关状态。

（4）准备相同型号并合格的针形阀1只、密封钢圈2只。

（5）检查新针形阀开关是否灵活。

5.3.2 操作步骤

（1）首先关闭高压端气源，再关闭低压端气源。

（2）通过放空管线或排污管线放空泄压为零。

（3）卸松针形阀上下连接法兰，用工具撬动法兰观察有无气体。
（4）确认无气体再卸完连接螺栓。
（5）取下旧针形阀、钢圈。
（6）清洗新针形阀钢圈槽、流程法兰钢圈槽均匀涂抹黄油。
（7）安装钢圈在钢圈槽内、安装新针形阀。
（8）对角紧固螺栓，上下法兰面要平行，试压验漏合格后进行下一步操作。
（9）关闭所有放空点放空阀。
（10）打开下游导入低压气流至针阀。
（11）微开针形阀，导通上游通道，开井，根据要求调节流量、验漏、观察无泄漏。
（12）收拾工具，清理现场，做好记录。

5.3.3　技术要求

（1）螺栓、阀杆应抹黄油做防腐润滑处理。
（2）钢圈放入钢圈槽内，对角上紧螺栓，用力适当，法兰间隙应一致，以保证受力均匀。
（3）验漏不合格，应泄压排空后才能处理，严禁带压整改。
（4）节流阀不能作截断阀使用。
（5）验漏部位：法兰连接处，阀杆盘根、阀门本体螺纹连接处。
（6）更换前选择好与被换阀门的名称、规格型号、压力等级完全一致的阀门。

5.3.4　考核标准

序号	评分标准	标准分
1	针形阀更换所需工具多选、少选或选错一件，扣1分	5
2	工服着装不符合要求，该项不得分	5
3	未关闭上游阀门，该项不得分	15
4	未关闭下游阀门，该项不得分	15
5	未放空、确认压力为零，该项不得分	10
6	未按要求拆卸、观察有无余气，该项不得分	10
7	未清洗新针形阀钢圈槽、流程法兰钢圈槽均匀涂抹黄油，扣5分	10
8	未对角紧固螺栓，上下法兰面不平行，扣5分；未试压，扣5分	10
9	未关闭所有放空点放空阀一处，扣5分	10
10	恢复生产后未观察、验漏，扣5分	5
11	未做记录、收拾工具、清理现场，该项不得分	5
定额		100
备注	操作步骤错误或造成事故，该项目不得分	

5.4 平衡罐加药操作

5.4.1 准备工作

1. 准备要求

(1) 上级主管部门的通知指令(如气井生产实际情况制定的泡排施工计划)。

(2) 按泡排施工技术方案要求的药剂、洁净水。

(3) 穿戴好劳保用品，摆放好工具用具、消防器材。

(4) 施工区域关闭手机、熄灭火种。

(5) 检查罐体及管线、安全阀、阀门、采油树、压力表是否完好，管线固定是否牢靠。

(6) JSA(工作危害分析)。

2. 材料准备

序 号	名 称	规 格	数 量	备 注
1	药剂、洁净水	根据施工技术方案	适量	
2	工具		1套	
3	灭火器	8kg	2个	

3. 设备准备

序 号	名 称	规 格	数 量	备 注
1	加注漏斗		1个	

4. 工具、用具、量具准备

序 号	名 称	规 格	数 量	备 注
1	扳拔		1个	
2	活动扳手	250mm	1把	
3	活动扳手	300mm	1把	
4	洁净水		适量	
5	漏斗		1个	
6	抹布		适量	
7	验漏液(仪)			
8	记录工具		1套	

5.4.2 操作步骤

(1) 检查气井套压或管线压力不得高于平衡罐额定工作压力的80%，也不得高于连接平衡管线额定工作压力的80%。

（2）关闭平衡罐药剂出口阀和进气口阀，打开排污阀排污、泄压，并确认压力为零。

（3）关闭排污阀，打开平衡罐药剂进口阀，向罐内装入配置好的药剂。

（4）关闭药剂进口阀，打开与平衡罐连接的套压阀门（或与管线消泡连接的阀门），打开进气口阀，待平衡罐内压力与注入点压力一致后，打开药剂出口阀、注入药剂。

（5）药剂加注过程中加强液位、压力巡查，注完药剂后，关闭与平衡罐连接的套压阀门（或与管线消泡连接的阀门），打开排污阀泄去平衡罐内压力，平衡罐压力表为零后关闭排污阀。

（6）清洗施工设备、工具和场地。

（7）做好施工记录。

（8）恢复生产。

（9）收拾工具、用具，清理场地，做好记录。

5.4.3　技术要求

（1）泡排药剂型号、药剂量应按泡排施工技术要求执行。

（2）稀释用水应使用干净的洁净水。

（3）加注药剂速度应控制在合理的范围。

（4）风险提示。

①加注药剂前应仔细检查平衡罐仪表等附件齐全、完好、各固定完好牢固。

②放空前应仔细检查各阀门开关正确。

③打开加注药剂口阀门前，应确认系统无压，严禁带压操作。

④加注药剂时应注意加注速度，避免药剂洒落，造成环境污染。

⑤开关阀门时身体任何部位严禁正对阀杆。

5.4.4　考核标准

序号	评分标准	标准分
1	未接到生产指令、未做 JSA 分析（未办理相关许可），每项扣 5 分	10
2	工具用具多选、少选或错选一件，扣 1 分	5
3	工装不符合要求，扣 5 分	5
4	未检查压力表、管线、安全阀，每项扣 3 分	15
5	未切断套压阀门，扣 10 分	10
6	放空不按规定压力未回零，扣 10 分	10
7	加注药剂外溢、速度过快泡沫洒落，扣 5~10 分	10
8	未按要求加注药剂，扣 10 分	10
9	未全关放空阀、加注阀就开平衡阀注入阀，每项扣 5 分	10
10	压力未平衡就开注入阀，扣 5 分	5
11	未验漏、试压，扣 5 分	5

续表

序号	评分标准	标准分
12	未清理场地、记录，扣5分	5
定额		100
备注	操作步骤错误或发生安全事故，该项目不得分	

5.5 井口压力表的更换操作

5.5.1 准备工作

(1) 穿戴好劳保用品(安全帽、工服、工鞋等)。

(2) 备好250mm活扳手2把，棉纱1团，泡沫水、黄油适量，铝垫或石棉板垫子1个。

(3) 选定校验合格、合理量程的压力表1只。

(4) 检查需更换压力表流程的完好情况、上下游有无泄漏。

5.5.2 操作步骤

(1) 关压力表取压针阀，开启泄压孔泄压，泄压时人不能正对泄压孔。如无泄压孔，可用扳手把压力表活接头卸松1~2圈，让气体沿螺纹缓慢泄漏，直至压力表指针回零。

(2) 排空气体后，用手轻触泄压孔，感觉无气体排出时，继续卸活接头，最后用手缓慢旋下压力表，表面朝下放置。

(3) 间断开关取压针阀几次，吹扫取压导管，仔细观察取压针阀口，直至无污物、粉尘喷出，关闭压力表取压针阀。

(4) 检查活接头是否完好、有无堵塞、活接头垫片可否再用，如垫片损伤或严重变形，必须更换新垫片。

(5) 垫片抹黄油，放到位。

(6) 将新表套入活接头螺纹，用手旋上1~2圈后，再双手对握扳手，将压力表上紧。

(7) 关放空阀(若无放空阀，则无这步操作)。

(8) 开压力表控制阀，让新表慢慢起压。

(9) 验漏。

(10) 擦拭工具、用具，并放回原处。

(11) 详细填写相应的记录。

5.5.3 技术要求

(1) 压力表应工作在允许的压力范围内，在测量压力比较稳定的情况下，被测最大工作压力不超过仪表上限的2/3；在测量压力波动较大的情况下，被测最大工作压力不超过仪表上限的1/2；被测压力最小值应不低于仪表全量程的1/3。

（2）未排空压力表内压力前不能拆卸旧表。

（3）操作时，应使用两把活扳手。扳手开口大小应与被夹持工件表面相吻合，且双手同时用力，配合得当，防止压力表掉地。

（4）开表时动作缓慢，两眼注视指针，使压力慢慢上升。切记严禁猛开表，使指针冲击式上升。

（5）安装表时压力表接头与活接头的螺纹必须对准，用手轻旋上螺纹后，才能用扳手继续上紧，以避免损坏螺纹。

（6）不能用扳手敲打压力表。

（7）操作人员更换压力表时身体不要正对压力表取压控制阀阀芯或处于压力表正上方。

（8）填写记录时应把压力表型号、规格、精度、表号、厂名、使用地点、换表原因、时间等栏目填写清楚。

5.5.4　考核标准

序号	评分标准	标准分
1	不按规定穿戴劳保用品，扣5分	5
2	工具用具少选或错选一样，扣1分，直到扣完5分为止	5
3	压力表选择不合适，扣6分	6
4	未做流程检查，扣4分	4
5	未关压力表取压针阀，扣5分；操作时人站的位置不正确，扣5分；未泄压或压力表指针未回零，扣5分	15
6	未检验是否还有余气排出，扣5分；未用手缓慢旋下压力表，扣5分	10
7	压力表表面未朝下放置，扣5分	5
8	未吹扫取压导管，扣4分；取压针阀口还有污物，扣3分；未关闭压力表取压针阀，扣3分	10
9	未检查活接头、垫片，扣4分；垫片变形却未更换，扣3分；垫片未抹黄油或未放到位，扣3分	10
10	未双手对握扳手上紧压力表，扣5分；未关泄压孔，扣5分；未开压力表取压针阀，扣5分	15
11	未验漏，扣5分	5
12	工具、用具未回收，扣5分	5
13	未按规范填写记录，扣5分	5
定额		100
备注	操作步骤错误或发生安全事故，该项目不得分	

5.6 高压气井开井操作

5.6.1 准备工作

(1) 穿戴好工装、劳保鞋、手套、安全帽等劳保和防护用品。

(2) 与有关单位和调度取得联系，说明开井时间、气量，并记录对方单位、姓名。

(3) 检查设备流程。

(4) 除关闭采油树4号阀、生产阀、1号节流阀(井口控制节流阀)外，打开气流通道，按顺序微开各级节流阀和相关阀门(由低压开至高压)。

(5) 检查仪器仪表，做好计量准备工作，关闭有关放空阀门。

(6) 检查安全阀的控制阀，使安全阀处于工作状态。

(7) 做好保温工作。

5.6.2 操作步骤

(1) 记录开井前井口压力。

(2) 缓慢打开1号节流阀(井口控制节流阀)并进行各级调压。

(3) 启动流量计进行计量。

(4) 计算、调节气产量。

(5) 排放分离器内油、水，并计量。

(6) 填写原始记录，挂好阀门开关指示牌。

5.6.3 技术要求

(1) 应详细记录调度的开井指令，开井前后有关资料应取全取准，记录无误。

(2) 开启流量计要缓慢平稳。

(3) 开采油树阀门时应由内到外并完全打开，严禁用采油树阀门调节气量。

(4) 开启流程阀门顺序必须先低后高，依次进行。为防止憋压，安全阀必须处于工作状态。

(5) 各级控制压力不准超过工作压力，注意防止节流阀水合物堵塞。

5.6.4 考核标准

序号	评分标准	标准分
1	开井所需工具多选、少选或选错一件，扣1分	10
2	工服着装不符合要求，该项不得分	5
3	开井前未记录油、套压、环空压力，各扣5分	10
4	未预先保温，该项不得分	10

续表

序号	评分标准	标准分
5	未微开一级、二级、三级节流阀，一处扣5分	10
6	未开生产阀门、缓慢打开井口节流阀门，一次扣5分	5
7	未根据压力情况，调节各级压力，一处扣5分	10
8	未启动流量计，扣5分	10
9	未调节水套炉节流温度，根据投产方案计算气井产量，一处扣5分	10
10	未排放分离器内油、水，未分别计量，一次扣2分	5
11	未填写原始工作记录或未挂好阀门开关指示牌，该项不得分	5
12	未收拾工具、清理现场，该项不得分	5
定额		100
备注	操作步骤错误或造成事故，该项目不得分	

5.7　高压气井关井操作

5.7.1　准备工作

（1）穿戴好工装、劳保鞋、手套、安全帽等劳保和防护用品。

（2）与有关单位联系，并按调度指令做好记录。

（3）录取关井前相关资料。

（4）熟悉关井操作规程和应急预案。

5.7.2　操作步骤

（1）关井前测量并记录井口油、套压力。

（2）全关一级节流阀(井口控制节流阀)、生产阀关闭。

（3）停用水套炉保温。

（4）停流量计。

（5）排放分离器内油、水，并分别计量。

（6）填写原始工作记录，挂好阀门开关指示牌。

（7）收拾工具、用具，清理现场，做好记录。

5.7.3　技术要求

（1）详细记录调度的关井指令，关井前后有关资料应取全取准，记录无误。

（2）采油树阀门关闭时必须由外到内操作。

（3）关井后安全阀仍处于工作状态。

（4）排分离器油水，并分别计量。

(5) 停计量仪表。

(6) 关井操作阀门顺序必须先关高压，再关低压。

(7) 全部操作 30min 内完成。

5.7.4 考核标准

序号	评分标准	标准分
1	关井所需工具多选、少选或选错，一件扣 1 分	5
2	工服着装不符合要求，该项不得分	5
3	关井前未记录油、套压，各扣 5 分	10
4	未关闭一级节流阀，根据各级压差关闭调节二、三级节流阀	15
5	关节流阀(井口控制节流阀)，采油树生产阀，一处扣 5 分	10
6	排放分离器内油、水，并分别计量，未记录或记录错误，扣 2 分	10
7	未停水套炉，一处扣 5 分	10
8	未停流量计，一处扣 5 分	10
9	未排放分离器内油、水，未分别计量，一次扣 2 分	10
10	未填写原始工作记录或未挂好阀门开关指示牌，该项不得分	10
11	未收拾工具、清理现场，该项不得分	5
定额		100
备注	操作步骤错误或造成事故，该项目不得分	

5.8 含硫气井开井操作

5.8.1 准备工作

(1) 消气防器具：便携式硫化氢检测仪 3 只、正压式空气呼吸器 3 套、8kg 灭火器 3 具。

(2) 工用器具：防爆对讲机 3 部、600mm 防爆扳手 1 把、手套 3 双、验漏喷壶 1 个。

(3) 检查确认以下内容。

①装置区手动放空阀关闭，安全阀、BDV 阀及其上下游阀门开启。

②手动排污阀关闭，自动排污开启。

③加热炉处于正常工作状态，且水温达到 70℃以上(开井时)。

④根据阀门确认卡检查其他阀门状态，确保工艺流程满足开井要求。

⑤根据仪表确认卡检查确认各仪表处于工作状态，检查确认仪表读数与 SCADA 界面相符。

⑥SCADA 系统压力低低关断信号处于超驰状态。

⑦火炬长明火处于燃烧状态。

⑧场站火气监测系统处于运行状态。

⑨井下、地面安全阀的开关状态。

5.8.2　操作步骤

（1）启动甲醇、缓蚀剂加注系统，根据气量调整加注量。

（2）依次打开（确认）井下安全阀和地面安全阀。

（3）缓慢打开井口采气树生产翼油压表内侧阀门（通常为9号），观察并记录开井前油压。

（4）预设二、三级节流阀开度（30%~50%），缓慢打开采气树生产翼油压表外侧阀门（通常为11号）和井口笼套式节流阀。

（5）根据各级压力和气量调节笼套式节流阀开度，同时在人机界面调整二、三级节流阀开度，直至压力、气量参数符合要求。

（6）待井口压力稳定后，将SCADA系统压力低低关断信号超驰取消。

（7）将流程内阀门开关指示牌调整至正确方向，并对全流程范围内所有动静密封点全面验漏。

（8）填写开井时间、开井后油压、套压、油温、套温、产量等参数，并向上级汇报。

（9）待生产参数正常后停止甲醇加注泵，关闭撬块出口加注口球阀。

5.8.3　技术要求

（1）需对集输流程内酸气流程、放空系统、排污系统阀门进行逐一确认，避免因阀门开关不到位造成的憋压或窜压现象。

（2）需全面检查确认全流程所有仪器仪表、火气监控及逻辑联锁处于正常投用状态。

（3）需全面检查确认水套炉燃烧状态正常，水浴温度达到70℃以上，火炬燃烧状态及微正压流量正常。

（4）准确记录调度下达的开井指令，以及开井前后油压油温、各级套压和生产参数。

（5）开井阀门操作顺序应严格按照采气树由内到外，主流程先低后高的原则执行，且操作时应侧对阀门。

（6）根据产量要求调节节流阀，控制各级压力不超过工作压力，同时避免节流后水合物的形成。

5.8.4　考核标准

序号	评分标准	标准分
1	必须穿戴好劳动保护用品及消气防器具，操作过程有人监护。劳保用品及消气防器具不全，扣5分；操作过程无人监护，不得分	10
2	按要求对放空系统、排污系统及酸气主流程阀门、水套炉及火炬状态进行确认，并检查各仪表及火气监测系统工作状态；缺一项扣5分	15

续表

序号	评分标准	标准分
3	启动甲醇及缓蚀剂加注系统，并根据气量调整加注量缺一项扣5分	10
4	按照井下安全阀→地面安全阀→采气树生产翼油压表内侧闸板阀（通常为9#）的顺序开启阀门，观察并记录开井前油压，顺序错误，扣10分；未记录开井前油压，扣5分	15
5	按照三级节流阀→二级节流阀的顺序预设节流阀开度；缓慢打开采气树生产翼油压表外侧阀门（通常为11#）和笼套式节流阀进行开井，未预设开度或开度预设顺序错误，扣10分；未缓慢开启笼套式节流阀，扣5分；开启阀门姿势不正确，扣5分	20
6	调节各级节流阀开度，以满足压力、气量参数要求，待井口压力稳定后，取消压力低低关断信号超驰，未调节节流阀开度，扣5分；未取消超驰，扣5分	10
7	全流程动静密封点验漏，并待生产参数正常后停止甲醇加注，关闭撬块出口加注口球阀，未执行验漏，不得分；未停止甲醇加注，扣5分	10
8	准确填写开井时间、开井后油压、套压、油温、套温、产量等参数，并向上级汇报，未填写参数，扣5分；未向上级汇报，扣5分	10
定额		100
备注	操作步骤错误或造成事故，该项目不得分	

5.9 含硫气井关井操作

5.9.1 准备工作

（1）消气防器具：便携式硫化氢检测仪3只、正压式空气呼吸器3套、8kg灭火器3具。

（2）工用器具：防爆对讲机3部、600mm防爆扳手1把、手套3双。

（3）检查确认：根据调度室指令，确认关井时间及关井原因，并做好相关记录。

5.9.2 操作步骤

（1）关闭井口笼套式节流阀。

（2）关闭11号生产闸阀，然后活动笼套式节流阀，释放阀腔压力。

（3）关闭甲醇加注系统。

（4）关闭缓蚀剂加注系统。

（5）停运井口加热炉。

（6）通过各分离器手动排污排出各撬块积液。

（7）挂阀门开关指示牌。

（8）填写关井时间、关井前后油压、套压、油温、套温等参数，并向上级汇报。

5.9.3 技术要求

（1）需详细记录关井前生产数据、各级压力以及关井原因，严格按照调度指令执行关井操作。

（2）采气树阀门关闭时必须由外到内进行并及时释放阀腔压力，操作时应侧对阀门，平板闸阀应执行全开全关操作。

（3）关井后应及时停用水套加热炉以及甲醇、缓蚀剂加注系统。

（4）各分离器内应通过手动排污管线进行排液，同时密切监控液位避免关断。

（5）关井操作完成后，应及时上报调度。

5.9.4 考核标准

序号	评分标准	标准分
1	必须穿戴好劳动保护用品及消气防器具，操作过程有人监护，劳保用品及消气防器具不全，每项扣5分；操作过程无人监护，扣10分	15
2	关井操作必须得到调度指令，做好原因、时间记录，未完成，不得分	10
3	正常关井首先必须关闭笼套式节流阀，操作顺序错误，不得分	10
4	在关闭11号生产闸阀后，需活动笼套式节流阀以释放阀腔压力，未完成泄压，扣10分；阀门操作过程中，姿势不正确，扣5分	15
5	停甲醇加注系统，并关闭加注球阀，未完成，不得分	10
6	停缓蚀剂加注系统，并关闭加注球阀，未完成，不得分	10
7	停运水套加热炉，未完成，不得分	10
8	通过各分离器手动排污排出各撬块积液，未完成，不得分	9
9	调整阀门开关指示牌，未完成，不得分	5
10	做好关井前后各项生产报表参数记录，未完成，不得分	5
定额		100
备注	操作步骤错误或造成事故，该项目不得分	

5.10 井口固体泡排棒加注操作

5.10.1 准备工作

（1）穿戴好劳保用品(安全帽、工服、工鞋等)。

（2）备好安全带、防爆电筒、护目镜、管钳1把，需投放的泡排棒。

（3）检查固体泡排棒外径是否小于投入井井口及井下管串的最小通径。

（4）检查投药筒及其附件完好有效。

(5) 检查筒体与采油树连接可靠。

(6) 检查7号阀门(清蜡阀门)是否完好，开关状态是否正确。

5.10.2 操作步骤

(1) 关闭采油树7号阀门，打开压力表泄压孔泄压放空，敞开压力表泄压孔。

(2) 压力泄为零后，卸下投药筒堵头或打开投药筒顶部阀门。

(3) 检查筒体内有无异物，如有，清理异物。

(4) 向投药筒内投入固体泡排棒，装上投药筒堵头或关闭投药筒顶部阀门。

(5) 关闭压力表泄压孔，开启采油树7号闸门，待泡排棒掉入井筒内后关闭7号闸门。

(6) 缓慢开启投药筒顶部阀门，泄压放空。

(7) 擦拭工具、用具，并放回原处，清洗场地。

(8) 详细填写相应的记录。

5.10.3 技术要求

(1) 正确穿戴劳保用品，正确使用安全带，必须使用防爆电筒，必须正确佩戴护目镜。

(2) 操作时不正对阀杆及气流方向。

(3) 严禁高处向地面抛、丢物品，严禁上下交叉作业。

(4) 禁止人员从作业区域下部通过。

(5) 佩戴防护手套轻拿轻放泡排棒，投放时泡排棒要正对筒体。

5.10.4 考核标准

序号	评分标准	标准分
1	不按规定穿戴劳保用品，扣5分	5
2	工具、用具少选或错选，一样扣1分，直到扣完5分为止	5
3	未检查泡排棒外径，扣6分	6
4	未做投药筒、采油树检查，扣4分	4
5	未关闭7号阀门，扣5分；未泄压或压力表指针未回零，扣5分	10
6	未检验是否还有余气排出，扣5分；不能正确泄投药筒堵头或开顶部阀门，扣5分	10
7	未检查清理异物，扣10分	10
8	未投固体泡排棒，扣5分，未装上投药筒堵头或关闭投药筒顶部阀门，扣10分	15
9	未关闭压力表泄压孔，扣5分；未开启7号阀门，扣5分；泡排棒掉入井筒后未关闭7号阀门，扣5分	15
10	未泄压放空，扣10分	10
11	工具、用具未回收，扣5分	5
12	未按规范填写记录，扣5分	5
定额		100
备注	操作步骤错误或发生安全事故，该项目不得分	

5.11 含硫气井环空泄压操作

5.11.1 准备工作

(1) 消气防器具：便携式硫化氢检测仪2只、正压式空气呼吸器2套。

(2) 工用器具：防爆对讲机3部、400mm防爆扳手1把、手套2双。

(3) 检查确认：环空压力达控制压力临界值，火炬系统及燃料气吹扫系统运行正常，燃料气吹扫管线与泄压管线界面球阀、管汇台放空节流阀、出口闸阀处于全关状态，压力表针阀处于开启状态(图5-1)。

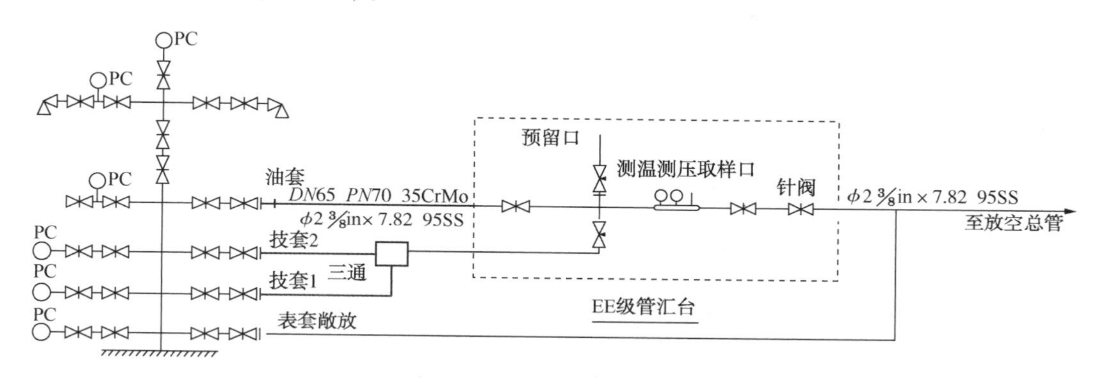

图5-1 高含硫气井泄压流程示意图

5.11.2 操作步骤

(1) 打开泄压管线接入高压放空总管前的最后一个闸阀。

(2) 根据需要泄压的环空压力，依次打开油套(技套或表套)泄压流程侧的内侧闸阀、外侧闸阀，再依次打开管汇台进口闸阀、出口闸阀，导通套管泄压流程。

(3) 缓慢打开管汇台节流截止放空阀泄压，环空泄压后压力为油套(7~10MPa)、技套2(5~8MPa)、技套1(3~5MPa)、表套(0~1MPa)。

(4) 泄压至规定范围后，先关闭管汇台节流截止放空阀，再关闭油套(技套或表套)外侧阀门，然后打开节流截止阀对管汇台及管汇台以内流程压力进行泄压。

(5) 待管汇台流程压力降低至0后，导通燃料气吹扫泄压管线流程，对泄压管线进行燃料气吹扫，吹扫时间为3~5min。

(6) 吹扫结束后，首先关闭燃料气吹扫流程的两个闸阀，再依次关闭管汇台进口闸阀、出口闸阀、节流截止阀，最后关闭泄压管线接入高压放空总管前的最后一个闸阀，并挂好阀门开关牌。

(7) 记录泄压环空压力的变化情况，压力恢复等情况(数据记录在含硫气井泄压记录表中)，掌握规律，分析原因。

5.11.3 技术要求

（1）泄压时，确认需泄压的环空保持畅通，其他流程关闭，防止窜气。

（2）操作时必须穿戴防护器具，且有人监护。

（3）密切关注并确保火炬在放空过程中一直处于燃烧状态，若火炬熄火，应立即关闭管汇台放空节流阀并对火炬实施点火。

（4）闸阀应全开、全关，且操作阀门应当站在侧面。

（5）为防止环空保护液在泄压过程喷出，泄压需平稳，若出液应立即关闭放空节流阀。

（6）泄压时应及时取样分析，监测是否含硫化氢。

（7）泄压完成后，应对泄压管线进行燃料气吹扫，避免泄压流程残液引起管线腐蚀。

（8）记录泄压过程及相关数据，填写井控隐患整改记录和生产日报，为后续控制管理提供依据。

5.11.4 考核标准

序号	评分标准	标准分
1	必须穿戴好劳动保护用品及消气防器具，操作过程有人监护，劳保用品及消气防器具不全，扣5分；操作过程无人监护，不得分	10
2	操作前，必须检查确认火炬系统及燃料气吹扫系统运行正常，缺一项，扣5分	10
3	操作前，必须检查确认燃料气吹扫管线与泄压管线界面球阀、管汇台放空节流阀、出口闸阀状态，管汇台压力表针阀启用状态，缺一项，扣5分；缺两项及以上，不得分	10
4	泄压操作时，应依次打开放空闸板阀→内侧闸阀→外侧闸阀→管汇台进口闸阀→管汇台出口闸阀→节流截止放空阀，放空闸板阀、节流截止放空阀操作顺序错误，不得分；其他阀门操作顺序错误，扣5分	15
5	在操作阀门过程中，操作人员应当侧对阀门，对闸板阀应执行全开、全关操作，节流截止放空阀应缓慢打开控制泄压速度，未侧对阀门，扣10分；闸板阀未执行全开全关，未按要求缓慢开启节流截止放空阀，扣5分	15
6	泄压及吹扫过程中，应随时确认火炬处于正常燃烧状态，关注泄压介质是否由气相转变为液相，未观察火炬燃烧状态，扣5分；未关注介质变化情况，扣5分	10
7	泄压完毕后，应先关闭管汇台节流截止放空阀，再关闭油套阀门，然后重新打开节流截止阀对管汇台及管汇台以内流程压力进行泄压，未泄压，扣5分	5
8	泄压结束后，应对针阀后放空管线进行吹扫，未吹扫，不得分	10

续表

序号	评分标准	标准分
9	吹扫结束后，操作人员应依次关闭燃料气吹扫流程闸阀→管汇台进口闸阀→出口闸阀→节流截止放空阀→放空闸板阀，挂好阀门开关指示牌，未按顺序关阀，扣5分；未调整阀门开关指示牌，扣5分	10
10	泄压完成后，应做好相关数据记录，未记录，扣5分	5
定额		100
备注	操作步骤错误或造成事故，该项目不得分	

5.12　长停井的应急泄压处理操作

5.12.1　准备工作

（1）穿戴好工装、劳保鞋、手套、安全帽等劳保和防护用品。

（2）备好475mm扳手4把、900mm管钳2把、81b榔头1把、风向标2个、钢丝刷2把、点火工具1把、黄油适量。

（3）确认井口场地符合泄压要求，采油树泄压阀门开关灵活。

（4）应急泄压流程一套，含高压油管、短接、简易节流撬、压力表等附件。

（5）施工人员熟悉长停井应急泄压预案。

5.12.2　操作步骤

（1）施工人员现场做好警戒，拉好警戒线疏散周围无关人员，清理易燃易爆品。安装风向标，确定上风方向。

（2）选择采油树泄压阀门，确保阀门灵活、法兰连接丝扣无损伤。

（3）按顺序安装应急泄压流程。

（4）按规范打地锚固定泄压流程。

（5）缓慢开启采油树泄压阀门，待压力平衡后关闭采油树泄压阀门，高压端试压、验漏。

（6）检查节流撬后放空管线连接牢固，放喷筒安装位置正确。

（7）采取先点火后开气的原则，在放喷筒位置点火。

（8）开启节流撬上的控制阀，控制节流阀开度，观察火焰燃烧情况。

（9）观察油套压下降变化情况。

（10）待压力在控制范围内关闭采油树泄压阀门，停止泄压。

（11）确定应急泄压流程放空管、高压管内无压力。

（12）按顺序拆卸应急泄压流程、保养。

（13）清理现场，做好相关记录。

5.12.3 技术要求

（1）放空口周围30m内无可燃物拉好警戒线并警戒。

（2）放空管线5~7m应用固定墩固定牢固。

（3）要有专人指挥，操作人员分工明确，服从指挥。

（4）放空流程试压验漏合格方能使用。

（5）先全打开生产阀门再微开井口节流阀，打开管汇阀门，再微开管汇节流阀，全开。

（6）开启井口节流阀，点火。

（7）开启阀门时一定要缓慢平稳。

（8）放喷时注意观察风向标。

5.12.4 考核标准

序号	评分标准	标准分
1	应急泄压流程所用工具多选、少选或选错，一件扣1分	5
2	劳保和防护用品不符合要求，该项不得分	5
3	未警戒、未疏散、未清理，一项扣5分	5
4	未正确检查和选择采油树泄压阀门，扣5分	5
5	安装应急泄压流程错误，一处扣5分	20
6	未检查流程、未试压、未验漏，一处扣5分	10
7	点火顺序错误，扣5分，未处于上风方向，扣2分	5
8	未缓慢、平稳操作节流阀，一次扣5分；未观察燃烧情况，扣5分	10
9	未观察采油树油套压力变化，扣5分	5
10	拆卸时未确认放空管、高压管内压力情况，扣5分；带压情况停止操作	10
11	拆卸应急泄压流程顺序错误，一次扣5分；未保养，一处扣1分	10
12	记录少一项，扣1分	5
13	收拾工具、用具少一项，扣1分；未清洁现场，扣2分	5
定额		100
备注	操作步骤错误或造成事故，该项目不得分	

5.13　采气树维护保养操作

5.13.1　准备工作

（1）正确穿戴劳保用品，佩戴可燃气体报警仪。
（2）准备安全警戒线。
（3）材料准备。
① 柴油：1kg。
② 机油：0.5L。
③ 润滑油：1kg。
④ 黄油枪：1 套。
⑤ 7903 密封脂：4kg。
⑥注脂枪：1 套。
⑦ 油漆：适量。
⑧ 钢丝刷：1 把。
⑨ 毛刷：1 把。
（4）工具、用具、量具准备。
① 活动扳手：375mm 2 把。
② 活动扳手：250mm 1 把。
③ 活动扳手：200mm 1 把。
④清洗液：适量。
⑤油盆：1 个。
⑥ 棉纱：0.5kg。
⑦ 油壶：1 个。
⑧ 口罩：1 副。
⑨记录工具：1 套。

5.13.2　操作步骤

1. 阀门丝杆保养

①按设备维护保养操作规程，半月对阀门丝杆进行维护保养，每月对采气树法兰连接部位检查，活动阀门检查。

②检查法兰连接无泄漏、螺栓齐全、无松动现象。

③ 检查采气树附件齐全完好，压力表符合工况要求。

④ 阀门活动灵活。

⑤ 取下阀门护套。

⑥ 用棉纱清洗阀门丝杆至清洁。

⑦ 丝杆上涂抹少量机油，均匀见光泽。

⑧ 戴上护套。

⑨收拾工具、用具，场地清理，做好记录，

2. 阀门注黄油

① 按设备维护保养操作规程，每季度对阀门注黄油保养。

② 黄油装入黄油枪。

③ 黄油枪连接黄油嘴至牢固。

④ 缓慢的注入黄油至顶出乳化的黄油。

⑤ 当黄油嘴有少量黄油渗出时停止注黄油。

⑥ 取下黄油枪。

⑦清洁黄油嘴至无污物。

⑧ 收拾工具、用具，场地清理，做好记录。

3. 注密封脂

① 按设备维护保养操作规程，每年对阀门和油管头注密封脂保养。

② 将密封装入注脂枪内，连拉注脂枪。

③缓慢用扳手逆时针旋转螺母。

④ 连接注脂头至牢固。

⑤ 注入润滑脂，确保注脂压力不超过阀门工作压力。

⑥待压力平稳后(阀门工作压力 45%~60%)，活动阀门挤出乳化的密封脂。

⑦ 阀体内注满密封脂(工作压力 45%~60%)，稳压 10min 为止。

⑧ 泄压、取下注脂枪。

⑨ 盖好密封盖，用手上紧螺母。

⑩ 清洁注脂阀至无污物。

⑪ 收拾工具、用具，场地清理，做好记录。

4. 阀门防腐

① 按设备维护保养操作规程，每年对设备设施进行检查防腐保养。

② 用钢丝刷除锈见本色。

③ 均匀涂抹防锈漆。

④ 待底漆干后，表面填补灰膏。

⑤ 待灰膏干后均匀涂抹面漆。

⑥ 清洁卫生。

⑦ 收拾工具、用具，场地清理，做好记录。

5.13.3 技术要求

(1) 活动阀门时严禁正对阀杆，且不得影响生产。

(2) 打开注脂阀密封盖，操作时不得正对螺母。

(3) 注脂时上腔室阀门要全开，下腔室要全关。

（4）注脂打压操作时，不得正对压杆。

（5）取下注脂枪时要泄压，泄压时不得正对泄压孔。

5.13.4　考核标准

序号	评分标准	标准分
1	必须穿戴好劳动保护用品及消气防器具，劳保用品及消气防器具不全，扣5分	5
2	未检查采气树法兰连接端、套管头、顶丝是否有渗漏，扣10分；未检查采气树螺栓缺失、松动现象，扣10分	20
3	未按要求按时活动阀门，扣10分	10
4	未按要求按时注黄油，并替换出乳化的黄油，扣20分	20
5	未按要求按时注脂，并替换出乳化的密封脂，扣10分；打开注脂阀密封盖，操作时正对螺母；注脂时上腔室阀门未全开，下腔室要未全关；注脂打压操作时，正压杆；取下注脂枪时未泄压，泄压时正对泄压孔，扣20分	30
6	未按要求按时检查采气树锈蚀情况，扣5分；采气树锈蚀后未按要求防腐，扣10分	15
定额		100
备注	操作步骤错误或造成事故，该项目不得分	

5.14　井口安全控制系统操作

5.14.1　准备工作

（1）消气防器具：便携式硫化氢检测仪2只、正压式空气呼吸器2套(非有毒有害气井可不准备)。

（2）工用器具：防爆对讲机2部、手套2双、验漏壶2双。

（3）检查确认以下内容。

① 检查确认油箱液位处于低液位线以上位置(图5-2)。

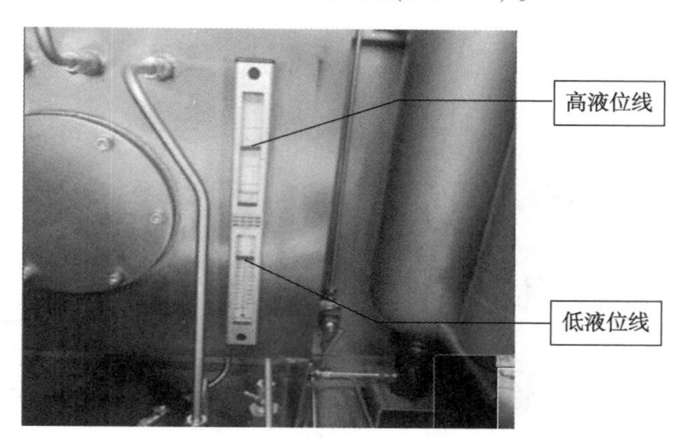

图5-2　井口安全控制柜油箱液位线

② 检查确认液压管线接头无松动或漏油。

③ 检查确认控制盘面板“ESD 急停”按钮已拉出。

④ 检查确认控制面板电源指示灯已亮起。

⑤ 检查确认液控柜蓄能器的泄压阀门已关闭，充压阀门已开启。

⑥ 检查确认控制面板三通球阀位于“开井前”位置。

⑦ 检查确认采气树顶丝旁控制井下安全截断阀的油路针阀处于开启状态。

⑧ 确认井口安全截断阀、井下安全截断阀开关状态，无远程关井信号。

5.14.2 操作步骤

1. 开井操作(先开 SCSSV 井下安全截断阀，再开 SSV 井口安全截断阀)

(1) 开机前检查：确定“高低压先导阀”处于旁通位置，面板右侧三通球阀处于开井前位置(图 5-3)。

(2) 建立系统压力：将“电机控制”旋钮旋向手动位置进行预运行，当“系统压力表”升至 6.9MPa(1000psi)左右后，再转至“自动”状态运行(图 5-4)。

(3) 开井前检查：电机打压停止后，检查“系统压力表”“井口安全截断阀供应压力表”“易熔塞回路压力表显示正常”(图 5-5)。

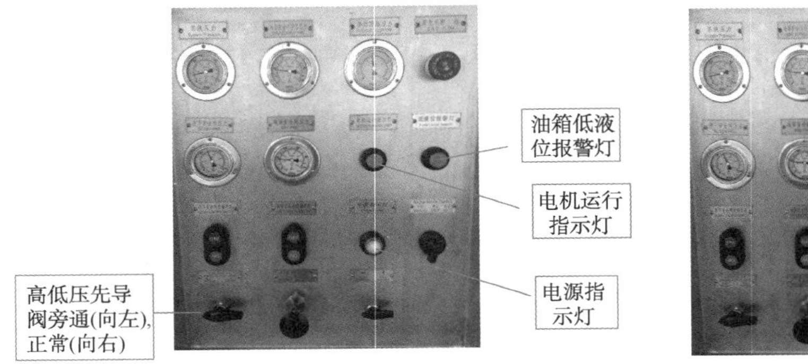

图 5-3 “高低压先导阀”旁通位置　　图 5-4 电机控制开关位置

(4) 开启井下安全截断阀：按下“井下安全截断阀控制开关 ON”2s，“井下安全截断阀压力表”显示压力上升，压力停止上升后，则井下安全截断阀完全开启(图 5-6)。

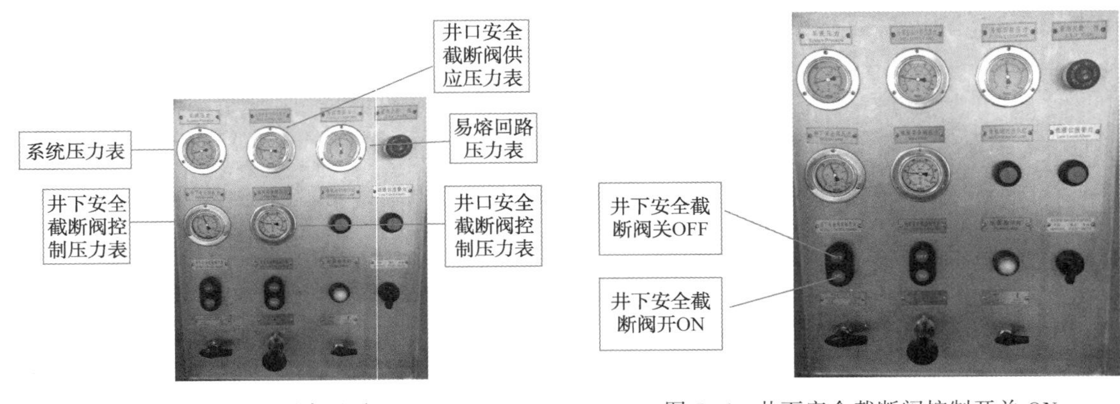

图 5-5 压力显示　　图 5-6 井下安全截断阀控制开关 ON

（5）开启井口安全截断阀：先将“复位阀”往外拉出并用销锁住，再按下“井口安全截断阀控制开关 ON”2s，“井口安全截断阀压力表”显示压力上升，压力上升停止后，则井口安全截断阀完全开启(图 5-7)。

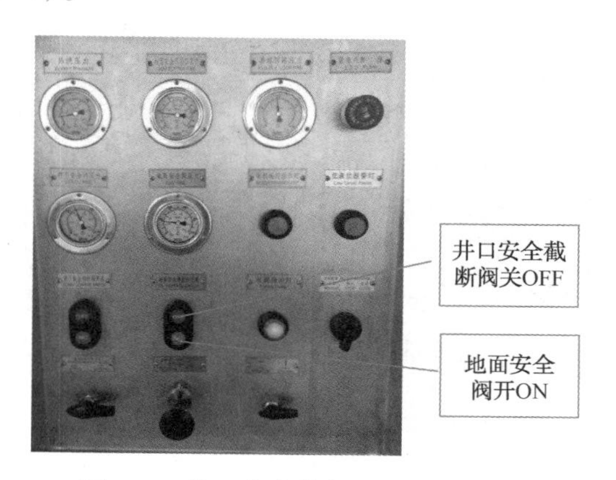

图 5-7　井口安全截断阀控制开关 ON

（6）开启防火保护功能：将面板右侧三通球阀旋向“开井后”位置(图 5-8)。

（7）开启高低压保护功能：酸气流程正常建压后，接通高低压传感器后，“将高低压先导阀”即三通球阀旋向“正常”位置(图 5-9)。

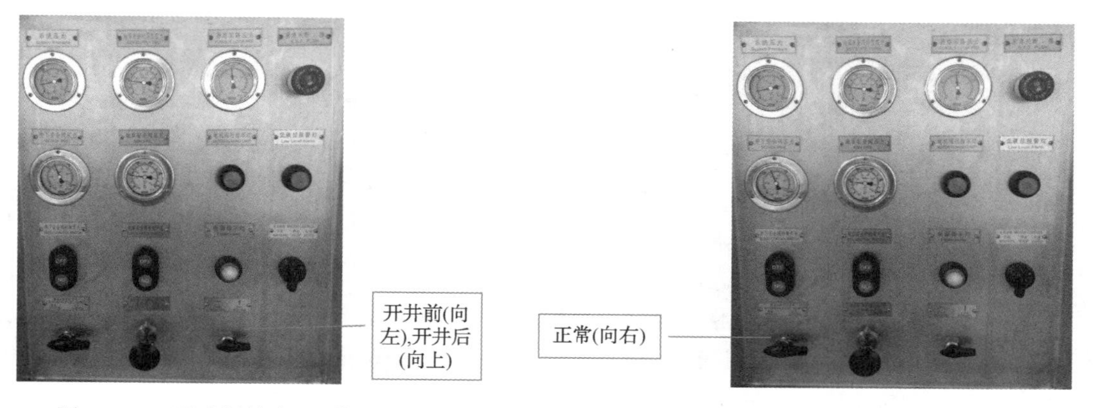

图 5-8　三通球阀旋向“开井后”位置

图 5-9　开启高低压保护功能

（8）开井后检查：检查控制柜各处有否漏油，压力表显示是否正确。

2. 关井操作

（1）单独关闭井口安全截断阀：按下“井口安全截断阀控制开关 OFF”2s，“井口安全截断阀压力表”显示压力降为 0，则关闭完毕(图 5-10)。

（2）同时关闭井口安全截断阀与井下安全截断阀：按下“井下安全截断阀控制开关 OFF”2s，“井口安全截断阀压力表”显示压力降为 0，则井口安全截断阀关闭完毕，过 10s左右“井下安全截断阀压力表”显示压力降为 0，则井下安全截断阀关闭完毕(图 5-11)。

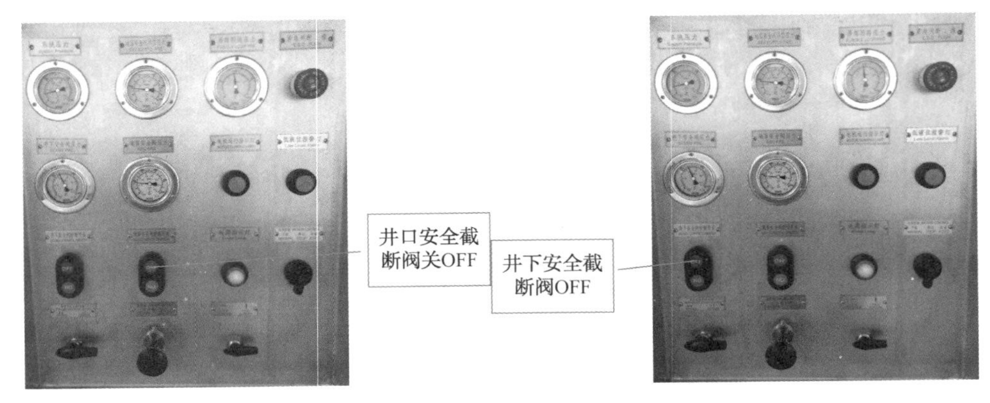

图 5-10　单独关闭井口安全截断阀　　图 5-11　井下安全截断阀控制开关 OFF

（3）紧急情况下关闭安全阀：拍下“急停”按钮，则立刻关闭井口安全截断阀，过 10s 左右关闭井下安全截断阀(图 5-12)。

图 5-12　“急停”按钮

（4）若需远程关闭井口安全截断阀时，只需在人机界面点击软按钮“远程关阀”，即可关闭井口安全截断阀。若需要再次开启井口安全截断阀，需点击“复位”远程关闭井口安全截断阀信号，再将高低压限压阀打至旁通，等井口安全截断阀完全打开，酸气管线的压力调节正常后，将高低压限压阀打至“正常”档。

3. 井下、井口安全截断阀的屏蔽与恢复

在日常维护保养中，常常需要不关闭或不打开井下、井口安全截断阀，做井下、井口安全截断阀屏蔽。屏蔽时通过控制油路控制管线截止阀截断，让油路液压一直保持或无法作用于井下、井口安全截断阀执行机构，实现不影响井下、井口安全截断阀的开关井口安全截断阀还可以通过对执行机构的阀杆安装屏蔽卡套，让阀杆不能向外侧伸出，实现屏蔽(图 5-13、图 5-14)。

图 5-13　井下安全截断阀屏蔽阀

图 5-14　井口安全截断阀屏执行机构阀杆

井下、井口安全截断阀的屏蔽取消：在确认井口安全截断阀、井下安全截断阀已经完全打开的条件下，取下井口安全截断阀的屏蔽帽，将两个井下安全截断阀两个屏蔽截止阀完全打开，则取消对井下、井口安全截断阀屏蔽。

5.14.3　技术要求

（1）控制柜正常使用的油箱液位必须在液位计的 1/3 以上。

（2）控制柜操作前需检查确认液压管线接头无有松动或漏油。

（3）开关操作井下及井口安全截断阀前，必须确认采气树阀门的开关状态，确认生产翼流程阀门关闭。

（4）控制柜开井操作时需按照先开井下安全截断阀、再开井口安全截断阀顺序进行，控制柜关井操作时需按照先关井口安全截断阀、再关井下安全截断阀顺序进行。

（5）高低压限压阀在流程未正常生产建压时应处于旁通屏蔽状态，气井投产后需切换至投用状态。

（6）操作结束后需认真记录控制柜各级系统压力参数、采气树油温油压、电机运行状态及阀门远传状态等。

5.14.4　考核标准

序号	评分标准	标准分
1	必须穿戴好劳动保护用品及消气防器具，操作过程有人监护，劳保用品及消气防器具不全，扣5分；操作过程无人监护，不得分	10
2	按要求对井口控制柜、高低压限压阀、采气树进行确认，并检查各仪表及远传控制系统工作状态。缺一项，扣5分	30
3	按照准备工作→控制柜检查→屏蔽操作→电机启动→系统升压→开井下安全截断阀→开井口安全截断阀的顺序操作，观察并记录控制柜各级压力参数，顺序错误，扣15分；未记录各级压力参数，扣5分	20

续表

序号	评分标准	标准分
4	按照准备工作→控制柜检查→屏蔽操作→关井下安全截断阀→关井口安全截断阀的顺序操作，观察并记录控制柜各级压力参数，顺序错误，扣15分；未记录各级压力参数，扣5分	20
5	采气树、井口控制柜动静密封点验漏，任一撬块未执行验漏，扣5分	10
6	准确填写控制柜各级液控压力、油压、油温等参数，并向上级汇报，未填写参数，扣5分；未向上级汇报，扣5分	10
定额		100
备注	操作步骤错误或造成事故，该项目不得分	

5.15 泡沫排水施工操作

5.15.1 准备工作

1. 准备工具、用具

1）材料准备

序　号	名　称	规　格	数　量	备　注
1	清洗液		2kg	
2	棉纱		0. 5kg	
3	液体泡排剂	根据气井特征配备	若干	
4	清水		若干	
5	验漏液		1瓶	
6	毛刷	50mm	2把	
7	加药漏斗		1个	
8	铁皮桶		2只	

2）设备准备

序　号	名　称	规　格	数　量	备　注
1	平衡罐		1套	

3）工具、用具准备

序　号	名　称	规　格	数　量	备　注
1	活动扳手	250mm、300mm	各1把	
2	平口螺丝刀	300mm	1把	
3	F扳手		1把	
4	钢丝刷		1把	
5	管钳	480mm	1把	

2. 劳保和防护用品

按要求穿戴好防静电工作服、安全帽、劳保鞋，若在高处工作还要佩戴好安全绳。

检查井口流程，确认平衡罐高压连接管线牢固。

3. 添加泡排药剂需符合生产要求

5.15.2 操作步骤

（1）检查平衡罐安全阀处于工作状态。

（2）按比例调配好泡排药剂。

（3）关闭平衡罐底阀，切断与井口连接。

（4）开启泄压阀，观察罐内压力情况。

（5）开启加药阀。

（6）将漏斗放入加药阀上。

（7）用铁桶缓慢倒入混合后的泡排剂。

（8）加至合适位置后取下漏斗。

（9）关闭加药阀、泄压阀。

（10）缓慢开启平衡罐底阀，确保罐内压力与井口压力一致，恢复。

（11）收拾工具、用具，清理平衡罐卫生。

（12）做好记录。

5.15.3 技术要求

（1）施工时需穿戴好劳保用品，佩戴好防护用具，特别是进行高空作业时应佩戴安全带。

（2）定期校验井口、平衡罐加注罐压力表。压力表量程合适、表盘刻度清晰，截止阀开关灵活无泄漏。推荐压力表量程大于目前地层压力，压力表精度为 1.6 级及以上。

（3）施工前需对平衡罐进行泄压。观察压力表归零后缓慢开启平衡罐加注阀门，观察罐内无压力后才能进行下步加药工作。

（4）平衡罐加注时固定好漏斗，防止起泡剂洒落污染环境。

（5）严格按操作程序开关平衡罐阀门。升压、泄压动作要缓慢，注意检查各连接部件有无泄漏。

（6）选择同型号的药剂进行添加，不允许添加不符合要求的其他药剂。

（7）平衡罐注入时需搭建操作台，施工过程中施工人员不能踩踏采油树、平衡罐。

（8）平衡罐属压力容器，严格执行“安全技术监察规定第 6 章”的规定进行定期检验。投运后必须定期校验安全阀。

（9）起泡剂需按指定位置存放，并做好出入库登记管理。

（10）现场应配备适量的风向标、灭火器等消防应急设施。

5.15.4 考核标准

序号	评分标准	标准分
1	未准备工用具、材料，扣5分；错、漏一项，扣1分	5
2	劳保和防护用品不符合要求，该项不得分	5
3	未按要求配备药剂，扣5分	10
4	未关闭平衡罐底阀停止操作，未全关，扣5分	5
5	未检查安全阀处于工作状态，扣5分；开启泄压阀动作过大，扣2分	10
6	从泄压阀加药，扣5分	10
7	开启加药阀后，未检查平衡罐内有无余气，扣3分	5
8	洒落药剂一次，扣2分；加满溢出，扣5分	10
9	未开启平衡罐底阀，扣5分；未全开，扣3分；开启动作过快，扣3分	10
10	未对比平衡罐桶内压力与井口压力，扣5分	5
11	加药阀、泄压阀漏气，一处扣5分；未处理，扣10分	10
12	工具、设备、场地清洁、未做，一处扣2分	10
13	记录有关数据，资料错、漏，一处扣1分	5
定额		100
备注	操作步骤错误或发生安全事故，该项目不得分	

5.16 缓蚀剂加注操作

5.16.1 准备工作

1. 准备工具、用具

1）材料准备

序　号	名　称	规　格	数　量	备　注
1	清洗液		2kg	
2	棉纱		0.5kg	
3	缓蚀剂	根据气井特征配备	若干	
4	清水		若干	
5	验漏液		1瓶	
6	毛刷	50mm	2把	

2)设备准备

序 号	名 称	规 格	数 量	备 注
1	计量泵		1套	

3）工具、用具准备

序 号	名 称	规 格	数 量	备 注
1	活动扳手	250mm、300mm	各1把	
2	平口螺丝刀	300mm	1把	
3	钢丝刷		1把	
4	管钳	480mm	1把	
5	正压式空气呼吸器		1套	
6	硫化氢检测仪		1台	

2. 劳保和防护用品

按要求穿戴好防静电工作服、安全帽、劳保鞋，若在硫化氢环境下工作还要佩戴好硫化氢检测仪和正压式空气呼吸器。

3. 在含酸气的气井进行投药施工时必须严格执行一人操作、一人监护的原则

4. 备好缓蚀剂灼伤的急救药品进行救护

5.16.2 操作步骤

（1）检查计量泵的罐体和所有部件连接可靠，安全阀处于工作状态。

（2）检查计量泵润滑油、缓蚀剂罐存量，缓蚀剂量为25%~75%。

（3）关闭标定柱阀门，开启缓蚀剂罐底阀，连通计量泵。

（4）打开计量泵高压端泄压阀，观察单向阀有无内漏。

（5）适当打开计量泵调节阀开度。

（6）开启计量泵运行。

（7）平稳后，观察泄压阀后有无缓蚀剂回流。

（8）待回流无气泡后关闭泄压阀。

（9）待计量泵压力高于井口压力时立即开启计量泵高压截止阀。

（10）开启标定柱阀门，关闭缓蚀剂底阀，计算计量泵流量是否符合要求，调节调节阀开度直到泵入量满足生产需求。

（11）关闭标定柱，开启缓蚀剂底阀，正常生产。

（12）收拾工具、用具，清理缓蚀剂罐及计量泵附件卫生。

（13）做好记录。

5.16.3 技术要求

（1）施工时需穿戴好劳保用品，佩戴好防护用具，特别是硫化氢检测仪和正压式空气呼吸器。

（2）定期校验井口、泵出口的压力表。压力表量程合适、表盘刻度清晰、截止阀开关灵活无泄漏。

（3）出口管线必须安装有单向阀，预防井内压力回流影响泵机运行。

（4）管线连接后需对高压管线进行试压，检查管线及连接部件有无泄漏。

（5）排空时，站在上风方向操作，以防酸性气体中毒。应尽量少放空，以免污染环境，危害人、畜。

（6）药剂进行添加时不允许添加不符合要求的其他药剂。加注时防止药剂洒落污染环境。

（7）施工过程中升压要缓慢，随时检查各连接部件有无泄漏，若泄漏需立即停止注入，并及时整改。

（8）做好药剂的标定工作，按要求泵入规定的药剂量。

（9）结束后要对连接管线、泵进行泄压，泄压过程中施工人员不能正对泄压口。

5.16.4 考核标准

序号	评分标准	标准分
1	未准备工用具、材料，扣5分；错、漏，一项，扣1分	5
2	劳保和防护用品不符合要求，该项不得分	5
3	未检查罐体、连接部件，扣2分；安全阀未处于工作状态，扣5分	5
4	未按要求检查计量泵、缓蚀剂存量，扣5分	10
5	未关闭标定柱阀门，开启缓蚀剂罐底阀，一处扣5分	5
6	打开计量泵高压端泄压阀，未观察单向阀有无内漏，扣5分	10
7	打开计量泵调节阀开度不合适，一次扣2分	10
8	未观察泄压阀后管线无缓蚀剂回流，扣5分；未关闭泄压阀，扣5分	5
9	计量泵压力低于井口压力就开启计量泵高压截止阀，扣5分	10
10	标定错误，一次扣2分	10
11	未关闭标定柱阀门，就开启缓蚀剂底阀，扣5分	10
12	工具、设备、场地清洁、未做，一处扣2分	10
13	记录有关数据，资料错、漏，一处扣1分	5
定额		100
备注	操作步骤错误或发生安全事故，该项目不得分	

5.17 车载气举操作

5.17.1 准备工作

（1）人员劳保着装、证件。

（2）车辆停车限位准备。

（3）移动视频架设。

（4）作业区域划分。

（5）消防设施准备。

（6）现场技术交底、JSA 分析、联合应急演练。

（7）召开班前会。

（8）安全警示告知牌摆放。

（9）井站人员配合熟悉现场流程，流程倒换。

5.17.2　操作步骤

1. 流程安装

（1）取气口安装丝扣法兰盘，机组进气接入口安装过滤器。

（2）依次连接软管至机组过滤器接入口，软管的弯曲度不能小于 120°。

（3）作业井注入口安装高压安全注气装置。

（4）在机组排气口与高压安全注气装置间安装注气硬管线，注气口法兰至机组排气出口缠绕钢丝绳并安装绳卡。

（5）机组排污汇集口安装不小于 20m 排污管线至排污桶。

（6）佩戴好安全带，空冷器顶端机组放空口处安装消声器。

2. 试压

（1）单流阀阀前压力表安装试压软管于，开启单流阀后端旋塞。

（2）详细检查连接管件、弯头、接头和试压设备，确保性能和技术状态符合安全要求。

（3）开启试压管段位置较高处的压力表泄压孔，试压泵向高压管段内注入清水，驱替管内空气。

（4）试压管段排出空气后，关闭压力表泄压孔，开启回水观察阀。

（5）升压至预计最高工作压力并附加 5MPa，但不超过采油树和注气管线额定工作压力，稳压 5 分钟，压力不降，管线和连接部位无渗漏为合格。

（6）试压结束后，开启试压泵泄压阀对试压管线泄压，关闭回水观察阀。

3. 车载气举作业操作

（1）逐项检查安全启机条件。

（2）关闭放空阀、排污阀，开启机组旁通阀，开启流程进气阀、机组进气球阀。

（3）压力平衡后逐级开启机组排污球阀、放空阀进行空气置换，置换完毕后关闭各级排污阀及放空阀。

（4）启动机组并进行预热。

（5）机组预热运行后关闭旁通阀加载，逐级递增转速至工艺要求的转速。

（6）达到气举目的后，逐级递减转速，缓慢开启放空阀泄压。

开启机组旁通阀并同时关闭机组进气球阀、放空阀及流程进气阀，缓慢降低转速至怠速后停机。

5.17.3 技术要求

（1）作业前检查各级压力表、管线应符合预期的压力级别需要，严禁超压现象的出现。

（2）待作业气井生产流程中需具备针阀、油嘴等产量可控的装置。

（3）作业前消防设施、设备及机组传感器、变送器等均应完好、有效、可靠。

（4）有出砂历史、井筒堵塞等气井停放时，车头及车身位置不得正对井口气流流动方向。

（5）高压注气管线在每个可拆卸部位、弯头前后缠绕钢丝绳，一端始于井口采油树注气阀门，另一端终于机组排气口。

（6）取气软管须缠绕保险绳或安全链，每年强制报废。

（7）采用钢丝绳绳卡对钢丝绳进行固定时，钢丝绳的首端、末端及两节钢丝绳连接处绳夹应不少于3个，绳夹压板应在钢丝绳长头一边，绳夹间距等于钢丝绳直径的6~7倍。

（8）机组置换操作时，流速不大于5m/s，置换时间不低于5min。

（9）试压介质应采用不含腐蚀性、有机或无机赃物的清水。

（10）试压用压力表不应少于2只，且应校验合格后才允许使用。压力表精度不应低于1.0级，量程为被测最大压力的1.5~2倍，表盘直径不小于150mm。

（11）试压过程中，除直接操作试压设备人员外，其余人员应该撤离到警戒区域以外。

（12）每次对注气管线进行拆装后，应重新试压，合格后方可开展气举作业。

（13）机组加载时，作业人员应密切注意仪表台处排气压力示值上升情况，如出现压力迅速上升、排气压力高于井口注气口压力1MPa且呈上升趋势时，应该立即停止作业。

（14）常规气举作业时，巡检间隔为30min；特殊作业或排气压力达到作业设备设计压力的60%时，巡检间隔应加密。

（15）作业期间禁止在高压区域内逗留，巡回检查后应立即撤离至安全区。

（16）操作阀门时，严禁正对阀杆，禁止用闸板阀控制流量，禁止跨越、踩踏高压管线及进气管线。

（17）单流阀冰堵处置时，未经温度监测或单流阀前后、高压注气管线仍存在温差时，禁止对钢丝绳、管段各连接处进行拆卸操作(表5-1)。

表5-1　车载气举风险提示

序　号	作业步骤	危　害	主要后果
1	车辆摆放	1. 车辆溜车 2. 压坏管线，气体刺漏	1. 设备损坏 2. 人身伤害
2	作业前准备	1. 物资搬运方式不当 2. 管线等未紧固，可能冲开、甩动、脱落 3. 单流阀方向安装错误，注剂管线憋压	1. 设备损坏 2. 人身伤害
3	高压注气管线试压	1. 试压过程中管线破裂，渗漏，管线脱落 2. 试压管段未卸完压力，余压伤人	人身伤害
4	置换空气	阀门操作不当	人身伤害

续表

序　号	作业步骤	危　害	主要后果
5	注气作业	1. 触碰转运、高温部件伤人 2. 操作平台护绳断裂 3. 单流阀冰堵 4. 注气管线、出气管线刺漏 5. 未及时对机组各洗涤罐排污，设备故障	1. 人身伤害 2. 设备损坏
6	机组卸载	末级压力过高，低压区设备超压	1. 人员伤亡 2. 设备损坏
7	拆卸管线	1. 物资搬运方式不当 2. 单流阀回座不到位，气流冲出伤人	1. 人身伤害 2. 设备损坏
8	车辆引导出场	车辆碰撞、碾压站场设施及人员	1. 人身伤害 2. 财产损失

5.17.4　考核标准

序号	计分标准	标准分
1	入场制度不全(证件、违禁物品核查、安全告知、入场登记、车辆检查)	5
2	签名处有代签、未签	5
3	未开展 JSA 分析、技术交底、应急演练	5
4	灭火器未按时定期检测	5
5	未开展风险识别评估、未建立风险台账未落实管控措施，员工对生产现场风险不清楚	5
6	作业过程中不按要求试压、架设视频	5
7	流程安装不规范	5
8	未建立安防设施台账(或台账记录不全、未及时更新)，安防设施过期不校检	5
9	无作业方案、应急预案(方案)或方案、预案未审批作业	5
10	作业不办理票证、未进行 JSA 分析、未视频录像，票证未持证签批、监护人无证监护、票证填写错误	5
11	未建立直接作业环节台账，或台账记录、资料不全	5
12	员工对岗位职责、安全职责、应急处置措施(处置内容、上报程序、应急电话等)不清楚	5
13	带手机入站、站内使用手机	5
14	劳保着装不全、未正确穿戴	5
15	作业过程中未佩戴耳塞、可燃气体检测仪等	5
16	违反操作规程	5
17	对设备不整洁、标识不完整	5
18	出现有“跑、冒、滴、漏”现象	5
19	未履行安全告之	5
20	未履行班前安全、班后总结会	5
定额		100
备注	操作步骤错误或发生安全事故，该项目不得分	

5.18 CNG 槽车气举操作

5.18.1 准备工作

(1) 人员劳保着装、证件。

(2) 施工任务书及施工方案及审查表。

(3) 作业人员入场教育。

(4) 作业票证、入场人员资质证。

(5) 移动视频架设作业区域划分。

(6) 承包商入场安全许可证、交叉作业协议。

(7) 消防设施准备。

(8) 现场技术交底、JSA 分析、联合应急演练。

(9) 召开班前会。

5.18.2 操作步骤

1. 注气流程安装

(1) 井口与槽车注气管线之间安装单流阀，并靠近井口。

(2) 注气流程采用硬管连接方式，其中井口至单流阀之间需安装 1 只三通(标注为 1 号三通)用于泄压及管线排液，单流阀至槽车集束瓶总阀出口之间需安装 1 只三通(标注为 2 号三通)用于管线注水试压及氮气吹扫。

(3) 注气流程用钢丝绳缠绕，每个接箍及弯头处须打结缠绕，并将绳卡一头固定于采油树法兰处，另一头固定于槽车车身固定桩处。

(4) 单流阀前后安装监控压力表。

2. 管线试压

(1) 管线整体采用清水试压，1 号三通及 2 号三通注入清水后手摇泵继续泵清水，管线压力达到 20MPa，稳压 5min 管线试压合格。

(2) 试压结束后管线内清水采用氮气吹扫的方式排除，氮气瓶固定在车尾，连接管线后对试压管线进行吹扫，直至管线内呈无水状态后合格。

3. 气举施工

(1) 量取污水罐液位并记录井口油套压。

(2) 检查输气流程，缓慢打开采油树注气阀。

(3) 分组缓慢开启槽车集束瓶总阀至全开状态，开始注气。一次性未全部开启完集束瓶时，开启下一组集束瓶前，须先将已开启的集束瓶球阀关闭。

(4) 油套压基本持平或者气井不再出液，停止注气。

(5) 实时记录施工数据，计算排液量。

(6) 依次关闭槽车集束瓶总阀、采油树注气端阀门。

（7）开启 1 号三通泄压阀，注气管线泄压。

（8）泄压完毕，拆除流程管线。

5.18.3　技术要求

（1）作业人员应穿着防静电服、鞋，作业前应触摸导静电装置，熟悉逃生通道及应急处置方法。

（2）槽车进入作业现场就位后，应熄火，至作业完成后方可启动。

（3）所有机动车进入作业现场时，需安装阻火器。

（4）高压注气管线需每月进行强度试压，合格后方可使用，每年强制报废。

（5）高压注气管线需在每个可拆卸部位、弯头前后缠绕钢丝绳，一端始于井口采油树注气阀门，另一端终于机组排气口。

（6）试压介质应采用不含腐蚀性、有机或无机赃物的清水。

（7）试压用压力表不应少于 2 只，且应校验合格后才允许使用。压力表精度不应低于 1.0 级，量程为被测最大压力的 1.5~2 倍，表盘直径不小于 150mm。

（8）每次对注气管线进行拆装后，应重新试压，合格后方可开展气举作业。

（9）使用氮气吹扫管线过程中，氮气瓶需固定牢靠，搬运过程中需轻拿轻放，严禁敲打撞击。

（10）放置氮气瓶的地面必须平整，不得卧放氮气瓶，操作时缓慢旋紧减压阀调节螺丝使气体流出并注意压力表读数，控制减压阀压力不超过 0.2MPa。

（11）钢丝绳卡的个数最少为 3 个，各绳卡依次之间相距 40mm。

（12）禁止使用闸阀控制流量。

（13）所有操作人员严禁正对阀杆进行操作。

（14）气举操作人员严禁站在气流方向开启集气瓶管束。

（15）流程压力上升至安全阀起跳压力 70%时，应该立即停止气举作业，并调小产量。

（16）在开启、关闭槽车管束瓶后，应该立即离开槽车，到达安全位置（表 5-2）。

表 5-2　CNG 槽车气举风险提示

序号	工作步骤	风险及危害	主要后果
1	车辆摆放	1. 车辆溜车 2. 压坏管线，气体刺漏	1. 设备损坏 2. 人身伤害
2	作业前准备	1. 物资搬运方式不当 2. 管线等未紧固，可能冲开、甩动、脱落 3. 单流阀方向安装错误，注剂管线憋压	1. 设备损坏 2. 人身伤害
3	注气管线试压	1. 试压过程中管线破裂，渗漏，管线脱落 2. 试压管段未卸完压力，余压伤人	人身伤害
4	管线吹扫	1. 软管抖动、脱落 2. 置换出口气流冲出伤人 3. 氮气瓶未有效固定	人身伤害

续表

序号	工作步骤	风险及危害	主要后果
5	注气	球阀、注气管线刺漏	人身伤害
6	注气管线拆除	1. 管线内余压伤人 2. 物资搬运方式不当 3. 单流阀失效	1. 人身伤害 2. 设备损坏

5.18.4 考核标准

序号	评分标准	标准分
1	入场制度不全(证件、违禁物品核查、安全告知、入场登记、车辆检查)	6
2	签名处有代签、未签	6
3	未开展 JSA 分析、技术交底、应急演练，无交叉作业协议、作业票证	6
4	灭火器未按时定期检测	6
5	未开展风险识别评估、未建立风险台账未落实管控措施，员工对生产现场风险不清楚	6
6	作业过程中不按要求试压、架设视频	6
7	流程安装不规范，管线未正确安装固定，地面高压管线固定牢靠无松动	6
8	未建立安防设施台账(或台账记录不全、未及时更新)，安防设施过期不校检	6
9	无作业方案、应急预案(方案)或方案、预案未审批作业	6
10	作业不办理票证、未进行 JSA 分析、未视频录像，票证未持证签批、监护人无证监护、票证填写错误	6
11	未建立直接作业环节台账，或台账记录、资料不全	6
12	对应急处置措施(处置内容、上报程序、应急电话等)不清楚	6
13	带手机入站、站内使用手机	6
14	劳保着装不全、未正确穿戴	6
15	作业过程中未佩戴可燃气体检测仪等	6
16	违反操作规程，根据违反次数及严重程度进行扣分	10
定额		100
备注	操作步骤错误或发生安全事故，该项目不得分	

5.19 环空保护液加注操作

5.19.1 准备工作

(1) 消气防器具：便携式硫化氢检测仪 3 只、正压式空气呼吸器 3 套、8kg 灭火器 3 具。

(2) 工用器具：嘉陵江牌 NC5051TPY 型排液车一辆，防爆式对讲机 2 部，375mm 活动扳手2把、300mm活动扳手1把)，加注短节(单流阀、考克、转换接头)，废液回收桶。

(3) 检查确认以下几方面内容。

①环空保护液储罐液位能满足当天加注需要。

②作业井环空压力应低于注液泵最高工作压力(32MPa)，且采气树环空压力已泄压。

③操作人员应具有专业从业资格或培训合格。

5.19.2 操作步骤

(1) 关闭排液车注液系统全部阀门，泵注环空保护液至溶剂箱标定柱300L。

(2) 超驰井口区域硫化氢及可燃气体检测探头。

(3) 关闭套压压力表考克，卸下压力表后连接加注短节及高压加注管线。

(4) 打开排液车吸液管路中的球阀，排液车一挡或二挡低速运转，对加注管线试压，试压值应高于油套环空压力2~3MPa，试压15min压降小于0.15MPa为合格。

(5) 打开套压压力表考克，排液车一挡或二挡低速运转，操作油门装置调整注液排量($<0.3m^3/h$)，将环空保护液注入油套环空。

(6) 加注结束后，将排液车变速箱手柄挂入空挡，脱开取力器。

(7) 关闭套压压力表考克，对加注短节及高压加注管线进行泄压。

(8) 拆除加注短节及加注管线，管线中废液排入废液回收桶，并用清水冲洗加注管线。

(9) 回装压力表，取消硫化氢及可燃气体检监测探头超驰。

(10) 将环空保护液加注时间节点、加注量、压力变化等参数填写在加注记录表。

5.19.3 技术要求

(1) 作业前需对高压区域进行警戒，操作人员必须穿戴工作服、安全帽、劳保鞋及其他防护设备，进入流程区必须有人监护。

(2) 根据环空液面高度及泄压值，确定环空保护液加注量。

(3) 加注短接连接完毕后，必须对高压加注管线进行试压，试压值应高于油套环空压力2~3MPa，试压15min压降小于0.15MPa为合格。

(4) 环空保护液在加注时，应控制加注排量在$0.3m^3/h$以内。

(5) 排液车操作人员随时关注液位变化，及时补充环空保护液，并记录液位。

(6) 排液车内加注泵输出口放置一个便携式硫化氢检测仪。

(7) 准确记录加注数据及压力变化，为后续控制管理提供可靠依据。

5.19.4 考核标准

序号	评分标准	标准分
1	必须穿戴好劳动保护用品及消气防器具，操作过程有人监护，作业人员必须具有专业从业资格或培训合格，劳保用品及消气防器具不全，扣5分；操作过程无人监护，不得分；未检查作业人员资质，不得分	10

续表

序号	评分标准	标准分
2	作业前检查环空保护液储罐液位能满足当天加注需要，作业井环空压力应低于注液设备最高工作压力，缺一项，扣5分。	10
3	将储液罐内环空保护液泵注入排液车溶剂箱，注入量不读数或读数不准确，扣5分。	10
4	超驰井口区域硫化氢及可燃气体检测探头，未超驰，不得分	10
5	拆卸压力表前，必须确认采气树内套压压力已泄压，未确认，不得分	10
6	对高压加注管线进行试压，试压值应高于油套环空压力2~3MPa，试压15min压降小于0.15MPa为合格，未进行试压，不得分；未按要求试压，扣10分	15
7	加注过程中，应控制排量小于0.3m³/h，操作人员应密切关注液位变化，及时补充环空保护液，并记录，未控制排量，扣5分；未关注液位，或未及时补充环空保护液，扣10分	15
8	加注完毕后，应将高压加注管线及加注短节内环空保护液排入废液回收桶内，并清洗设备，避免环境污染，未按要求排液或清洗，不得分	5
9	回装压力表恢复流程，并取消井口区域硫化氢及可燃气体探头超驰，缺一项，扣5分	10
10	将环空保护液加注时间节点、加注量、压力变化等参数填写在加注记录表，未记录，不得分	5
定额		100
备注	操作步骤错误或造成事故，该项目不得分	

5.20 数据采集与传输操作(HMI)

高含硫气田开采发生任何意外事故都将造成巨大的人员、环境危害。因此，需采用先进成熟的技术和设备，合理确定控制方案和自控系统。要以井口、集输工艺过程参数检测以及安全保护与自动控制为重点，实现站场生产环境的实时数据监控，集中管理、统一调度，保障生产平稳可靠，针对各种超限情况实时安全保护控制，保障人员和环境安全，确保整个气田的安全、高效、平稳运行。

5.20.1 SCADA操作系统功能介绍

高含硫各站场普遍采用SCADA操作系统进行站场井口控制、生产参数监控、数据远程传输与设备操作。站场控制系统由两套子系统构成，分别是过程控制系统(PCS)和安全仪表系统(SIS)，两套独立的PLC作为核心控制器。PLC主要由控制、采集以及通信卡件、电源模块、控制机柜以及各种安装附件等构成。控制卡件采用可靠性高的可编程序逻辑控制器。其主要功能如下。

(1) 对现场的工艺变量进行数据采集和处理。

(2) 经通信接口与第三方的监控系统或智能设备交换信息。

(3) 对电力设备及其相关变量的监控。

(4) 站场火气系统的监视和报警。

(5) 显示动态工艺流程。

(6) 提供人机对话的窗口。

(7) 显示各种工艺参数和其他有关参数。

(8) 显示报警一览表。

(9)数据存储及处理。

(10) 显示实时趋势曲线和历史曲线。

(11) 压力、流量的调节与控制。

(12) 流量计算。

(13) 逻辑控制。

(14) 安全联锁保护(SIS)。

(15) 自诊断功能。

(16) 打印报警和事件报告。

(17) 打印生产报表。

(18) 数据通信管理。

(19) 为调度控制中心提供有关数据分析与决策。

5. 20. 1. 1　ESD 紧急关断功能

1. ESD 功能的设置

ESD 功能可在发生事故的情况下确保人员和生产设施的安全，防止环境污染，尽量减少事故造成的影响。系统的关断逻辑由安全仪表系统(SIS)来实现。ESD 通过对元坝气田含硫区块生产过程中的所有关键参数(如压力、温度、液位、火/气探测设备)进行连续监视，当检测的安全参数超过限定值时，SIS 将按照预定的 ESD 逻辑立即对生产设备进行操作，力争将生产过程控制到安全的状态，把发生恶性事故的可能性降到最低，保护人员、生产设备及周边环境的安全。

所有 ESD 的卡件均要求是“故障安全”型的。ESD 逻辑的设计遵循故障安全的原则，某一级别的关断不能引起较高级别的关断，只能引起本级及较低级别的关断。ESD 关断后只有手动复位后才能恢复生产。

在站场进出口设置 ESD 手动按钮，调度控制中心、集气站控制室设置 ESD 手操台，阀室设置 ESD 手操面板。所有的 ESD 手操设备均是“防误操作”设计。

2. 紧急关断系统关断级别的划分

高含硫气田 ESD 紧急关断系统一般分为 4 级。

1) 1 级关断(ESD-1)：为气田关断

该级关断级别最高。气田含硫区块发生重大事故，或者由净化厂控制系统触发气田含硫区块关断。关闭气田含硫区块除应急支持系统外的所有设备，并触发相应区块站场的 2、3 级关断。启动对应广播系统，触发相关的声光报警。

2）2 级关断(ESD-2)：为支线关断

由支线发生重大事故(如泄漏、火灾)或由 1 级关断逻辑触发。关断支线上除应急支持系统外的所有设备及站内设备，并触发此支线沿线站场的 ESD-3 级关断。启动对应广播系统，触发相关的声光报警。

注：1 级、2 级关断均由 SCADA 调度控制中心控制，由主要负责人或者指定人员手动启动。

3）3 级关断(ESD-3)：为集气站全站关断

由站内火灾、气体泄漏、主要工艺参数超限，或由 1 级、2 级关断触发。关断站内除应急支持系统外的所有设备，启动对应广播系统，触发相关的声光报警，并触发 4 级关断，是否启动放空需根据现场实际情况确定。

4）4 级关段(ESD-4)：为局部工艺流程和装置关断

由单元设备工艺参数超限、单井气体泄漏，或由 3 级关断触发。启动广播系统，触发相关的声光报警。此级关断仅关断故障部位，而不影响其他设备的正常操作。

5.20.1.2 远传自控主要监测数据

各站主要监测内容如下。

1. 井口区

(1) 井口输气管线的温度、压力检测和就地/远程显示。

(2) 井口控制盘就地控制系统数据接收(RS485/Modbus RTU)。

(3) 井口分酸分离器橇块信号检测和控制。

2. 加热炉区

加热炉橇块就地控制系统数据接收(RS485/Modbus RTU)；

3. 多相流计量装置区

(1) 多相流计量装置橇块就地控制系统数据接收(RS485/Modbus RTU)。

(2) 生产/计量流程切换阀开关状态和远程控制(单井站无此测控内容)。

(3) 天然气温度、压力的检测和就地/远程显示。

4. 甲醇及缓蚀剂加注区

(1) 甲醇加注橇块信号检测远传。

(2) 缓蚀剂加注橇块信号检测远传。

5. 燃料气调压分配区

(1) 进站燃料气压力检测和就地/远程显示。

(2) 放空管线吹扫燃料气流量检测远传。

6. 火炬及火炬分液罐区

(1) 火炬分液罐橇块信号检测和控制。

(2) 火炬橇块信号检测和控制。

7. 收发球筒区

(1) 进出站管线温度、压力检测和就地/远程显示。

(2) 通球指示器就地指示。

8. 酸液缓冲罐区

酸液缓冲罐(1 台)橇块信号检测远传。

9. 公用工程

(1) 淡水水箱液位检测远传，并根据高低液位报警联锁停水源泵。

(2) UPS、燃气发电机和站场总电源运行状态检测及故障报警。

10. 场区设 H_2S 检测器、可燃气体探测器

11. 火灾检测

5.20.2　SCADA 操作系统的界面监控与操作

SCADA 系统数据采集与传输操作(HMI)将分别运行在 MCC(控制中心)和 SCS(站控系统)的工作站上，双屏显示。站控系统人机界面(HMI)画面主要包括：系统结构框架、ESD 系统(因果图)、FGS(火气监测)系统、工艺流程监控(包括站场总览、井口、主处理流程、甲醇及缓蚀剂加注撬块、燃料气调压分配撬块、UPS 运行参数等)。站控系统人机操作界面其他功能包括：站控抢夺、报警列表、事件列表、打印屏幕、趋势组等。

5.20.2.1　HMI 画面中主要的管线图标

HMI 画面中主要的管线图标见表 5-3。

表 5-3　HMI 画面中主要的管线图标

图　例	颜　色	描　述
	黄色	天然气主管线
	黄色	天然气支管线
	红色	放空管线
	黑色	排污管线
	蓝色	电气电路

5.20.2.2　HMI 中主要的对象颜色的定义

站控室主要掌握正常、各种报警、关断、故障、启用、备用、未知、运行、停止、阀门全开、阀门全关等颜色(表 5-4)。

表 5-4　HMI 中主要的对象颜色的定义

状　态	颜　色	状　态	颜　色
正常	绿	备用	黄
高报警	黄	故障	红
低报警	黄	未知	白
高高报警	红	运行	绿
低低报警	红	停止	红

续表

状　态	颜　色	状　态	颜　色
关断	红	阀门全关	红
报警	红	无反馈信号	白
故障	红	阀门全开	绿
禁用	红	状态错误	紫红
启用	绿		

5.20.2.3 HMI 主要界面

进入监控界面后，通过点击“操作菜单栏”的相应菜单即可进入所对应的画面(图 5-15)。

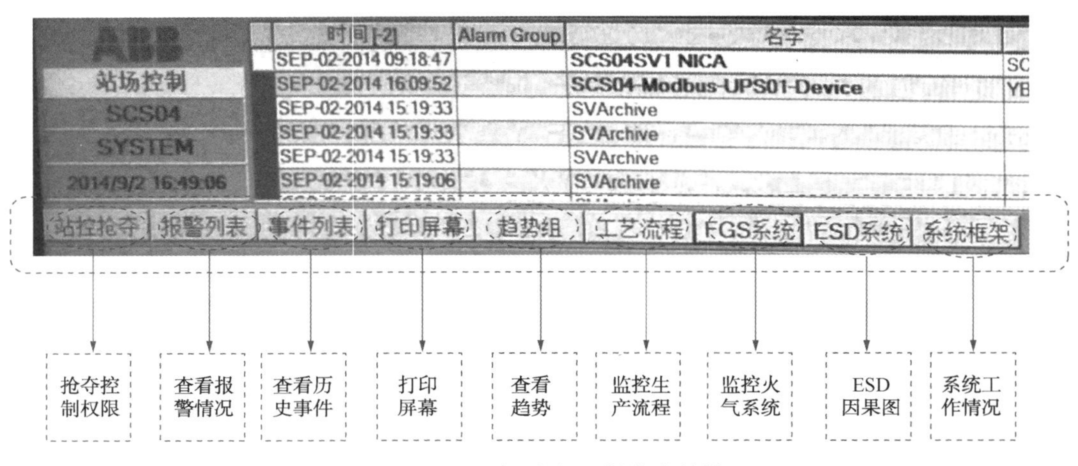

图 5-15　HMI 主要界面“操作菜单栏”

(1) 点击“站控抢夺”菜单将进入站控抢夺小窗口，站控抢夺为站控室抢夺中心操作室的操作权限，当控制模式为中心控制时，通过站控抢夺可抢夺为站场控制模式。抢夺密码为：ABB123。输入密码后点击“确认”，将出现命令确认窗口，再点击“确认”，即完成了站控抢夺操作；点击“退出”，则退出站控抢夺操作；点击“取消”则取消命令。需要指出的是，站控系统只有在进行了站控抢夺操作后，将控制模式转换为站场控制时，才能够操控相应可远程控制的阀门或泵，若控制模式为中心控制，站控系统则只能观测，不能动作相应阀门或泵。

(2) 点击“报警列表”菜单将进入报警列表画面(图 5-16)，通过报警列表可以查看历史和当前的报警记录情况。

(3) 点击“事件列表”菜单将进入事件列表画面(图 5-17)，通过事件列表可以查看历史事件，点击后，系统会提示操作人员选择想要察看的事件列表类型，输入查询过滤和时间等，最后点击确定，将出现所选时间段的相应事件列表(此功能常为系统维护人员排查系统故障所用，操作人员可以简单了解)。

（4）点击“打印屏幕”菜单将进入打印屏幕画面，如果连接了打印机，该功能即可实现。

（5）点击“趋势组”菜单将进入趋势组画面，可创建历史趋势与实时趋势。一般查看某点的历史趋势或实时趋势时，从画面中的监控点点击鼠标右键后选择“历史趋势”或“实时趋势”直接查看即可(图 5-18)，无需重新创建。

图 5-16　事件报警列表

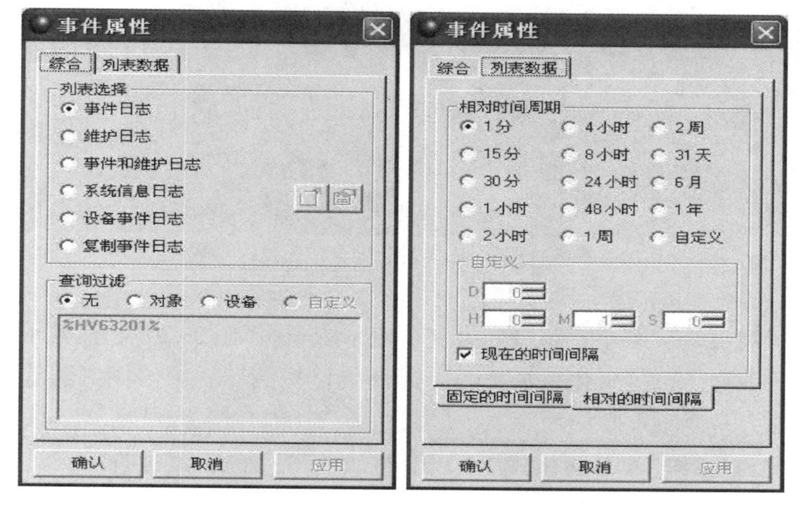

图 5-17　查看事件信息

（6）点击“工艺流程”菜单将出现工艺流程子菜单，再点击相应子菜单即可进入所对应的生产流程监控画面(图 5-19)。工艺流程监控界面是操作人员要重点掌握的对象，后文会进行详细介绍。

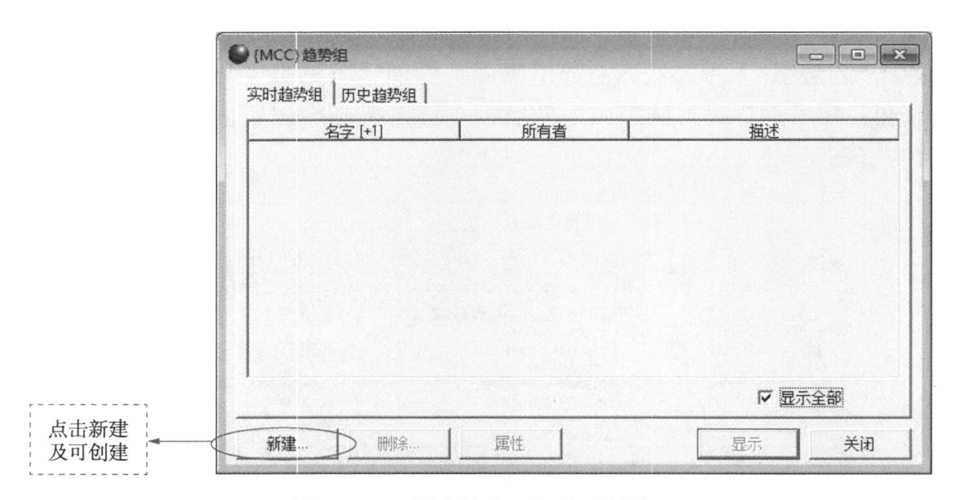

图 5-18 “历史趋势”或“实时趋势”

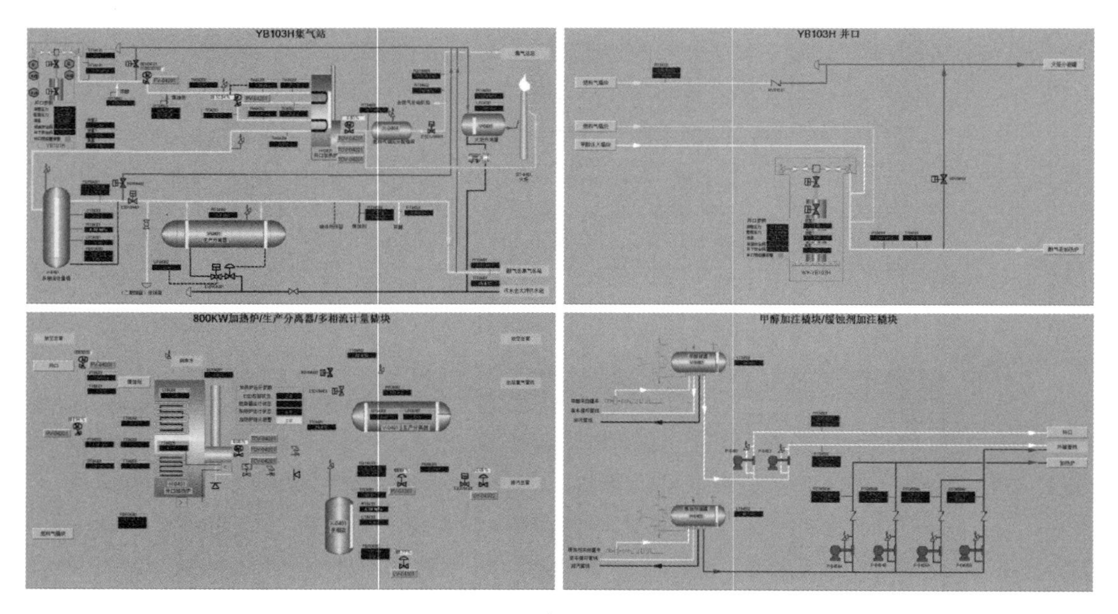

图 5-19 生产流程监控画面

(7) 点击“FGS 系统”菜单，将进入火气监控系统画面(图 5-20)，监控了整个战场的火气探测器回传的数据。包括硫化氢探测器，可燃气体探测器，火焰探测器等。FGS 系统监控画面也是操作人员要重点掌握的对象，后文会进行详细介绍。

(8) 点击“ESD 系统”菜单将出现 ESD 因果图(图 5-21)，通过查看因果图可以查看触发原因与触发结果，具体查看方法后面会进行详细介绍。

(9) 点击“系统框架”菜单，出现两个子菜单，点击“系统框架”子菜单进入系统框架界面(图 5-22)，点击“SIS 系统模拟量通道诊断”子菜单进入通道诊断界面(图 5-23)。系统框架画面主要显示了站内 SCADA 系统的架构图，可以观测到 SCADA 服务器、ABB 控制器、相应卡件以及手操台的运行状态。通道诊断界面对 SIS 中卡件模拟量通道进行了监控，画面中的端口号与机柜中卡件端口号相对应，通过该界面即可迅速找到故障通道。画面中若出现灰色状态显示，表示通讯中断读取到相应状态，红色代表故障或触发，绿色表示正常，黄色表示作为辅机工作或低报警状态。

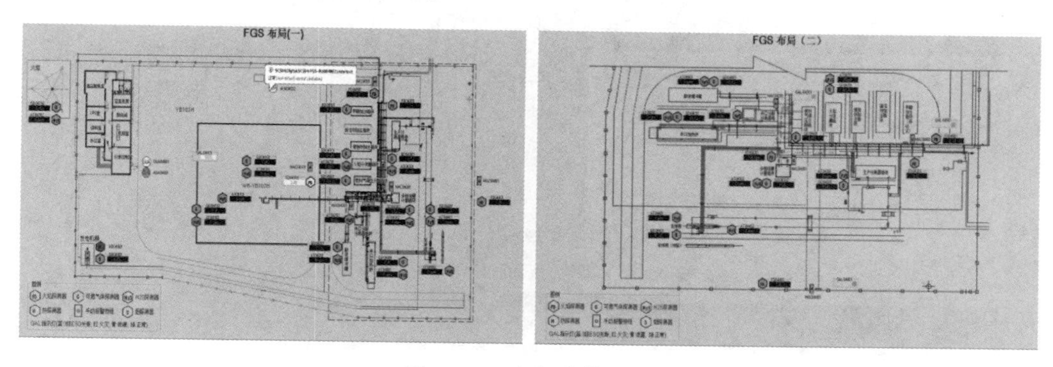

图 5-20　火气监控界面

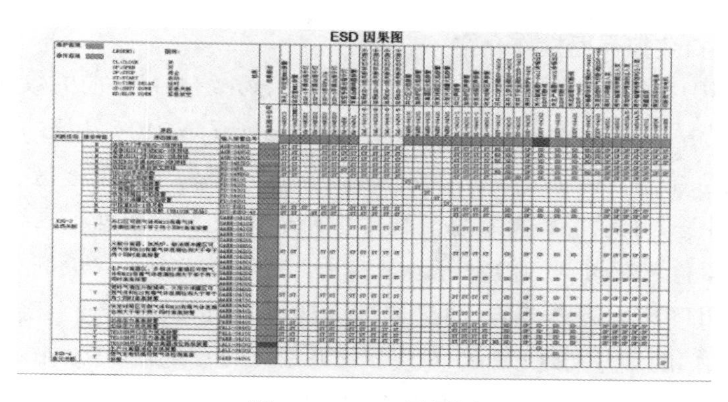

图 5-21　ESD 因果图

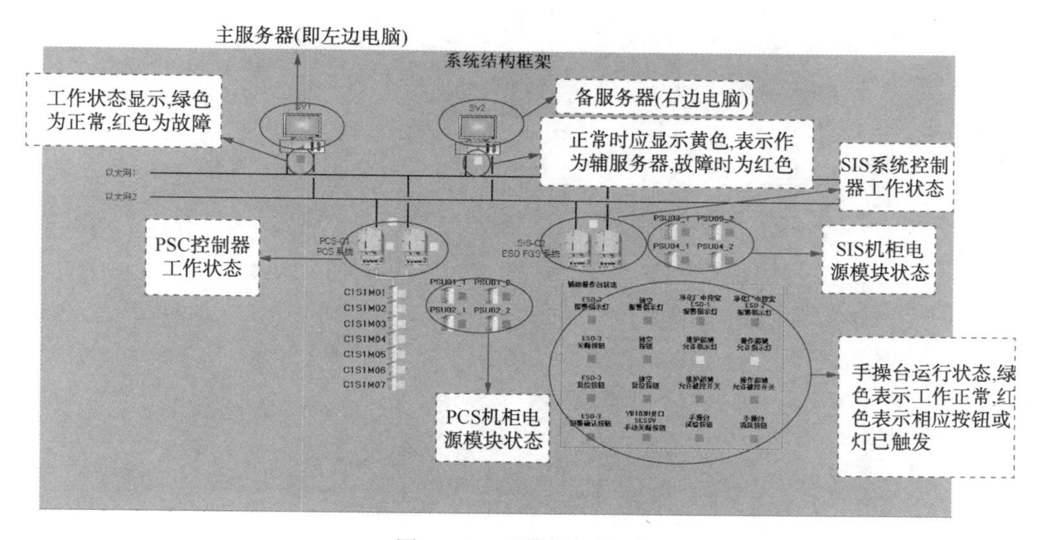

图 5-22　系统框架界面

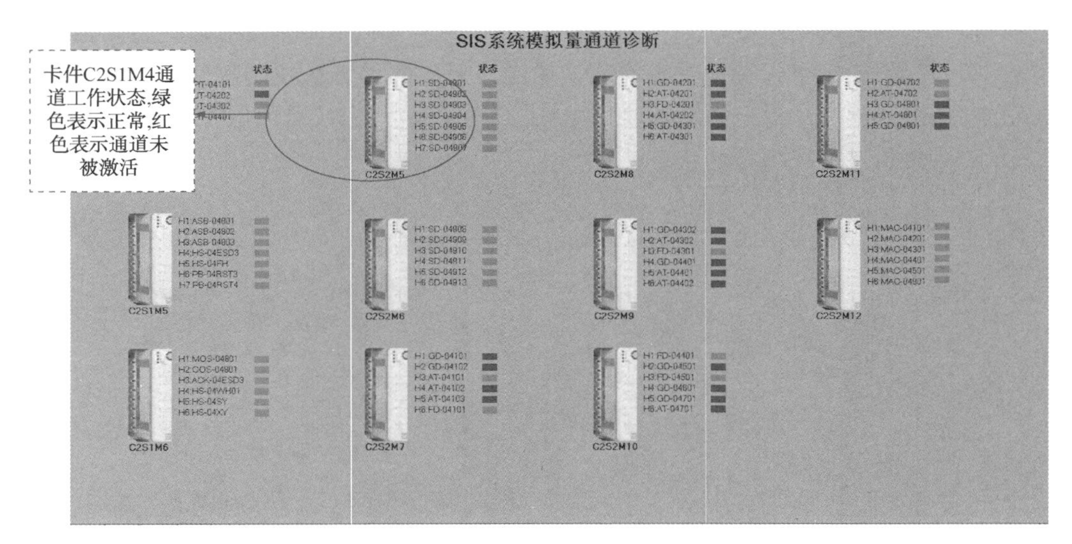

图 5-23 “SIS 系统模拟量通道诊断”界面

5.20.2.4 井口监控界面操作介绍

下面将以 YB103H 集气站的站控室监控界面为例，介绍井口相应的数据查看方法。

图 5-24 为站场总览监控画面，以 YB103H 画面显示了 YB103 站场的总工艺流程(由实际流程简化而来)，主要包括了井口区、水套加热炉区、燃料气分配撬区、火炬区、多相流区以及生产分离器区，显示了集气站总流程中主要远传仪表的数据、二级、三级节流阀的开度以及 ESDV(紧急切断阀)和 BDV(紧急放空阀)的开关状态、火炬的点火状态、远传仪表数据主要包括 PIT(压力变送器)、TIT(温度变送器)、LIT(液位变送器)、FIT(流量计)等。图中仪表和阀门的编号与现场一一对应，如井口压力变送器 PIT04101(04 代表站场号，101 代表仪表位号)，通过监控画面即可迅速找出相应位置的仪表读数或阀门远传状态。

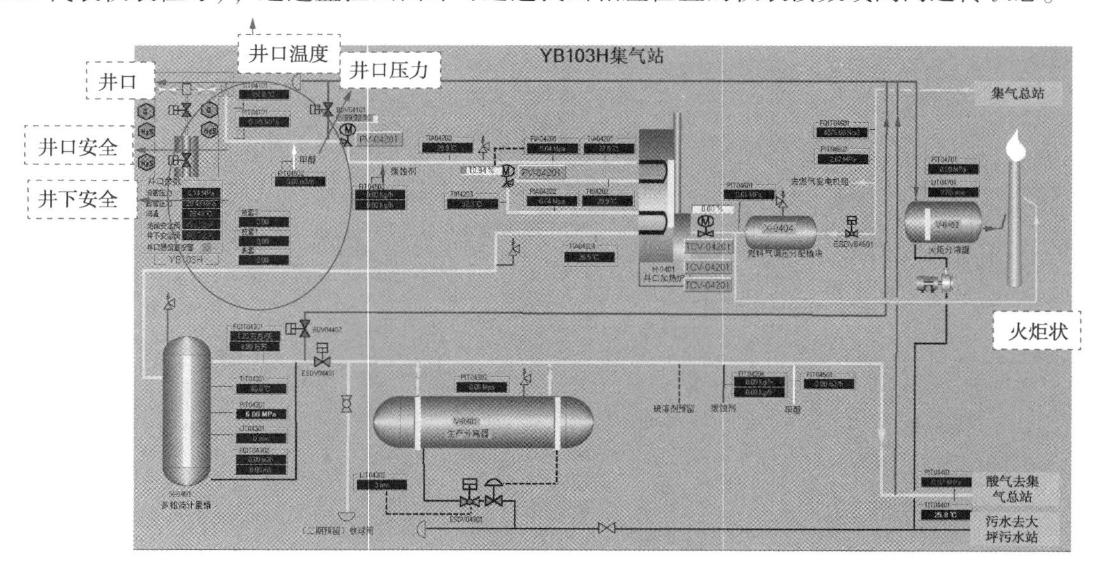

图 5-24 站场总览监控画面

画面的监控点中，仪表数据为红色表示高高报警或低低报警，黄色表示高报或低报，绿色表示正常，若出现白色表示通讯状态有问题，若数据中间出现一横杠表示仪表可能已掉电；阀门红色表示全关状态，绿色表示全开状态，若为灰色表示阀门正在动作中，白色表示阀门无状态(可能有通讯故障)；火炬红色表示火炬为点火状态，白色表示火炬为熄火状态。

图5-25为井口监控画面，主要显示了井口相关压力和温度，包括油管压力、套管压力、油温以及井下安全截断阀的状态。不同颜色代表的意义与总流程界面相同，仪表数据为红色表示高高报警或低低报警，黄色表示高报或低报，绿色表示正常，若出现白色表示通讯状态有问题，若数据中间出现一横杠表示仪表可能已掉电；阀门红色表示全关状态，绿色表示全开状态，若为灰色表示阀门正在动作中，白色表示阀门无状态(可能有通讯故障)。通过点击画面中代带有白边的撬块名称图块(如 井口吹扫口)可以链接到相应撬块的监控图，其他监控画面中带有白边的名称图块功能相同，点击后也可链接到相应画面。

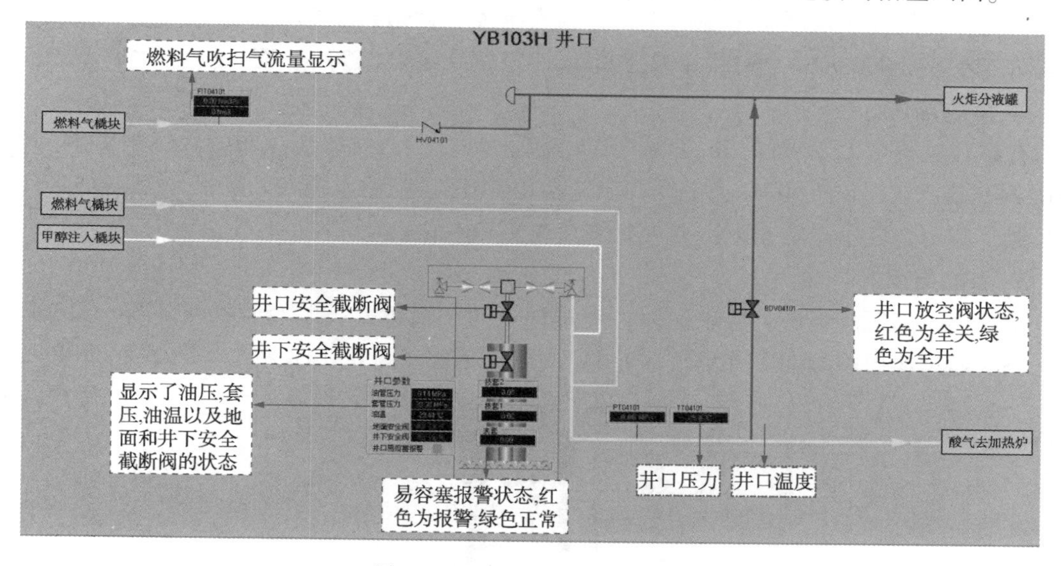

图5-25 “YB103H 井口”界面

第 6 章　采气井控案例

案例一　M103 井地表窜气事故

1. 基本情况

M103 井是位于四川盆地川东北马路背构造高部位南端的一口评价井。该井二开钻至井深 2721.64m(珍珠冲段)，短程起下钻至井深 1992.24m 时发生溢流，压井中出现喷漏同井情况，在压井过程中地层又出现垮塌，将钻具卡死，被迫打水泥塞填井侧钻；封层水泥塞位置为 559.89~900.88m，侧钻井深为 800m，完钻井深为 3170m，完钻层位为雷口坡组。

2. 事故经过

在钻井过程中，发现(9⅝in 套管与 7in 套管)环空引流管线有微弱的天然气溢出，火焰高 0.2~0.5m，关环空 24h 压力上升并稳定在 0.7MPa。随后发现在井场下方 350m 左右河沟有天然气窜出，气窜点有 5 个，点火火焰高 0.2~0.7m。

3. 事故原因

珍珠冲组高压气突破封层水泥塞，经过地下的裂缝进入技术套管的水泥环，并窜至井口，同时通过浅层裂缝在距井场较远处的河边渗漏出来(图 6-1)。

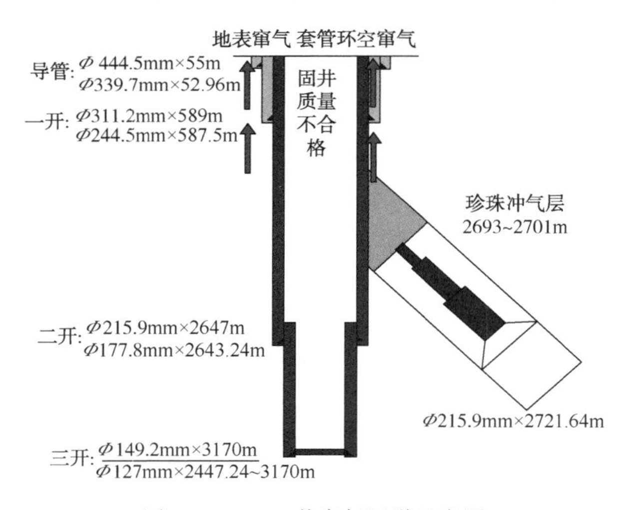

图 6-1　M103 井窜气通道示意图

4. 事故教训

(1) 固井过程中因水泥浆体系质量较差、井漏、顶替效率不高、水泥浆凝结过程中油气水侵等造成固井质量不合格。需针对不同地区、不同井制定有针对性的固井方案，提高天然气井固井质量。

（2）地层压力不能准确掌握地区，应多收集相邻井的实钻资料，更好地了解地层。严格执行钻开油气层审批制度和坐岗观察制度，做好现场溢流监测工作，防止对地层压力估计不足而造成溢流。

（3）钻遇微裂缝储层，采用防漏钻井液体系，同时钻井液密度不要太大而压坏地层。

（4）在山区钻井时，应进行钻前安全评估。

案例二 YB1-1H 井环空异常起压事件

1. 基本情况

YB1-1H 井是一口开发水平井，水平段长度为 734m，采用裸眼完井方式，完钻井深 7629m。生产管柱采用带井下安全控制阀、永久封隔器的镍基合金管柱，完井后油套环空内充满密度为 1.3g/cm^3的水基环空保护液。

经酸化测试，本井获得天然气产量为 90.52×10^4m^3/d，天然气绝对无阻流量为 165.56×10^4m^3/d，地层压力为 69.8MPa，地压系数为 1.02。

2. 事件经过

本井投产前套压为 0，投产当天生产 19h 后套压上升至 8.57MPa，生产 5d 后油压突降至 27MPa，套压由 8.57MPa 升至 15.84MPa 再降至 4.5MPa，采取紧急关井措施，关井 3d 油压逐渐恢复到正常状态，套压缓慢上升至 5.91MPa。

此后 3 个月间歇生产，套压从 5.91MPa 升至 21.42MPa，期间三次出水异常增加，后关井一个半月，套压从 21.42MPa 升至 27.8MPa(图 6-2)。

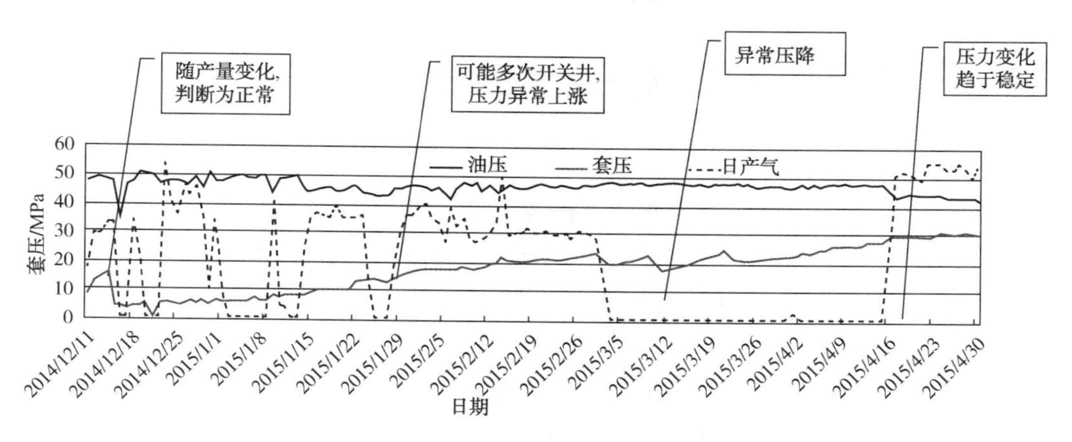

图 6-2 YB1-1H 井生产数据曲线图

又开井生产 12h，套压 27.8MPa 升至 32.12MPa，多次小制度泄压，压力下降缓慢、压力恢复较快，泄压期间未返出环空保护液，测得环空液面深度约为 3917m，取样硫化氢气体浓度最高达 7.37%，判断油套环空液面存在严重亏空，环空内存在大量的气窜(图 6-3)。

通过环空反复泄压，加注环空保护液及超细碳酸钙颗粒，套压从初期最高 36MPa 下降并维持在目前的6~9MPa，环空 H_2S 含量降低下降至1%以内，挂片腐蚀速率0.0008mm/a，环空保护液pH值从7.5上升至10~12，液面高度从3917m上升到2150m，环空窜气情况得到有效控制。

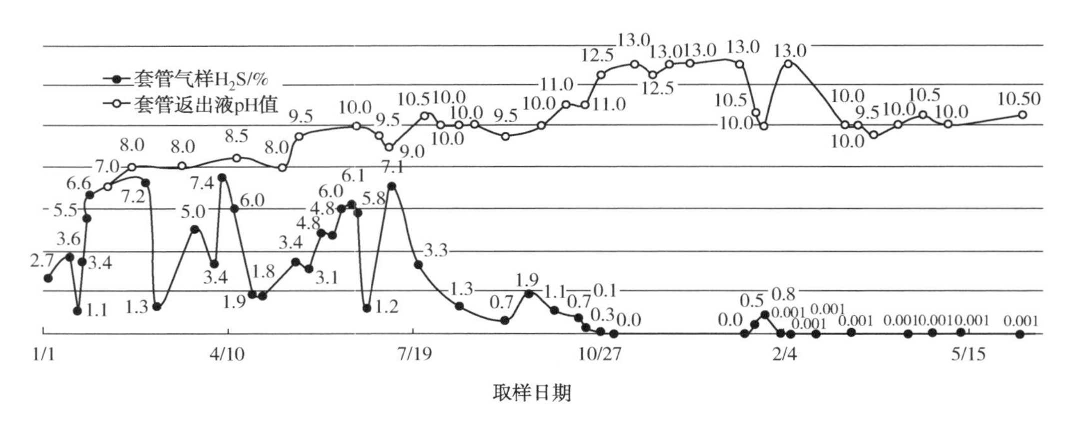

图6-3 2016年至今套管气液样监测结果

3. 事件原因

通过对YB1-1H井套管起压特征、泄压情况、气样检测分析，结合该井完井情况，认为本井窜漏原因为钻井过程对套管造成偏磨、封隔器胶皮密封不稳定，导致生产一段时间后密封失效。

4. 事件教训

一次性完井作业前需对钻井情况进行具体分析，选择合适的封隔器完井，避免同类事件发生。

案例三 X851井抢险压井事件

1. 基本情况

X851井是在川西地区针对须家河的预探井，井深为4870m，原始地层压力为80.46MPa，地压系数为1.70，属于高压气井。气井下入 Φ177.8mm生产套管，下深4544.53m，下部4506.56~4870m为 Φ127mm筛管。

该井产出天然气属高甲烷(97.3%)，低重烃(0.945%)、低相对密度(0.5733)，CO_2 含量为1.15%，水样 Cl^- 含量为1673.03mg/L。测试期间采用多点回压试井求得绝对无阻流量为151.3986×$10^4m^3/d$，产凝析水3~3.5m^3/d。

气井于2000年11月2日投产，投产初期井口油压为56.5~58.38MPa，套压为62~62.8MPa，产气量为(29~37.6)×$10^4m^3/d$，产水约3m^3/d。定井口压力生产至2001年11月，产量保持在(41~43)×$10^4m^3/d$。2002年年初，由于油管脱落，采取降压生产，至2002年2月，套压55.5MPa，产气量(81~84)×$10^4m^3/d$，环空产气量由0.33×$10^4m^3/d$增加至1×$10^4m^3/d$以上，产水1m^3/d以上。

2. 事件经过

2001年11月21日，现场人员在站场巡检时，井内传来一声异响，油套压迅速持平，井口采油树、套管头的本体温度直线上升，温度高达70℃，导致井口方井里充满热气，分析井内油管在井口附近出现断脱。

为保护井口和井内套管，决定采取降压输气，井口压力从60.2MPa降至55.8MPa，产气量从$40\times10^4m^3/d$升至$85\times10^4m^3/d$。2002年1月25日，B环空日增量约$600m^3$，1月26日增量增至$900m^3$，B环空窜漏恶化加剧。

2002年2月25日，开始封井施工，采用降压输气，当井口压力降至31.91MPa时，输气量达$193.7\times10^4m^3/d$。两台压裂车迅速向井内注清水，关闭放喷闸阀，压力平衡，停泵注清水，转泵注压井水泥浆$115m^3$，关井候凝，封井成功，拆卸井口发现油管挂冲蚀断脱，采气树内壁冲蚀严重。本井及时封井，消除了重大安全隐患，保护了油气资源。

3. 事件原因

（1）地质设计的预见性有差距，导致开发上准备不足。

X851井是新场构造第一口以须二段为目的层的预探井，设计和施工借鉴合兴场和孝泉构造上已钻井的资料，其针对性与气藏的实际有差异，无法预测到该井能成为一口国内少见的高温、高压、高产井，以致于原有的各种准备工作不能完全满足“三高”的安全要求。因此，从施工开始就埋下了一定的安全隐患，并且在气井试采过程中逐渐暴露出来。

（2）高压状态下的平稳采气问题。

气井生产过程中未能管理好流程中各个节流环节的硬件设施，比如：①在井口压力60MPa、输气$42\times10^4m^3/d$、产水$4\sim5m^3/d$的状态下，采用短油嘴生产，在50d左右油嘴就会退扣脱落。②高压气井的生产过程中，高压瞬间压力冲击(压力激动)对井口装置会产生强烈的破坏作用。

（3）井下管柱的腐蚀问题。

油管悬挂器断裂的主要因素是采用35CrMo+HP1-13Cr异质接头连接，加大了电化学腐蚀。除此之外，阀门、油管悬挂器过流面几何尺寸变径因素导致此次的震动加剧，也是造成腐蚀冲蚀加剧的原因。

事件处理完成后，拆卸井口后发现，35CrMo材料的井口油管挂$\Phi(73\sim89)$mm与井下13Cr材料的Φ73mm油管接头部位内壁因大面积严重冲刷腐蚀，可见的最大腐蚀深度达5～6mm。35CrMo材料的井口油管挂、阀门体、接头等内壁均有不同程度的腐蚀，其中接头处、变径处的腐蚀极为严重，阀门体、弯管存在部分腐蚀；节流针阀(调压)存在严重腐蚀(整圈)，蚀坑裂纹20mm，阀针也存在局部蚀坑，13Cr材料的Φ73mm油管内壁、外壁均未发现宏观腐蚀(图6-4、图6-5)。

4. 事件教训

（1）处理好完井实际与地质设计的差距。

X851井是该构造上第一口以须家河为目的层的预探井，设计和施工只能借鉴临近区块已完钻井的资料，从而导致设计的预见性与实际出现较大差异，致使原来设计的完井方式无法满足“高温、高压、高产”的安全生产要求，井口装置的选择也不能满足腐蚀要求。

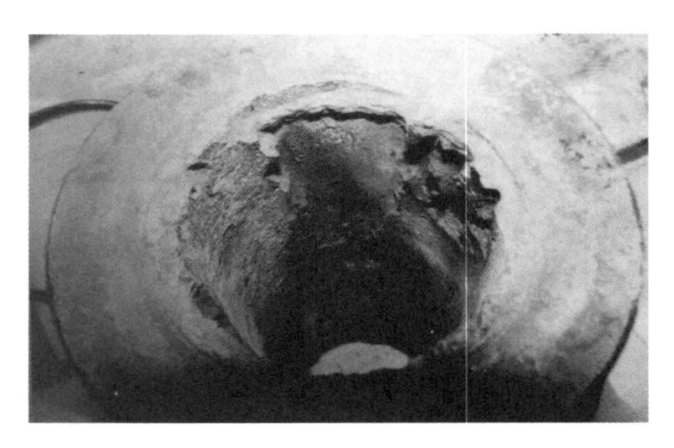
图 6-4 X851 井油管挂腐蚀图

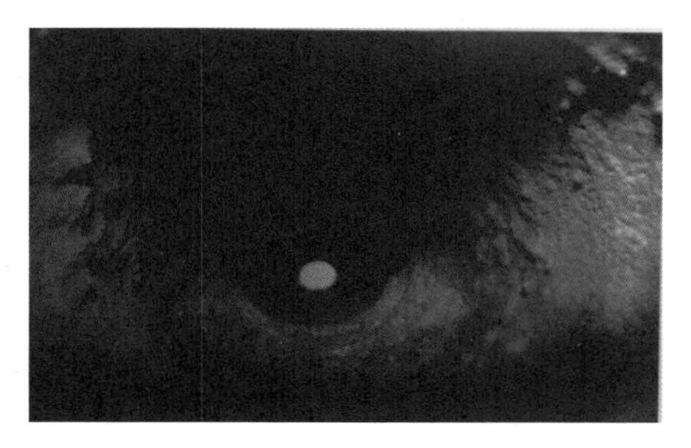
图 6-5 X851 井采气主阀内部腐蚀图

今后这种设计的预见性与实际出现较大差异的情况还会频繁发生，一方面，从地质设计角度讲，要大力提高准确性和精确度，要更多地进行定量分析，尽可能使后续建井作业准备有的放矢；另一方面，从工程施工设计角度讲，要充分考虑到地质预见与实际存在差异在近期内的不可避免性，完井设计及准备工作一定要留有余地，在无把握的情况下，包容性宁可大些。

（2）对腐蚀性、冲蚀性必须引起高度重视。

实验研究证明，CO_2是 X851 井的主要腐蚀介质，CO_2和水的共同作用是造成气井井口装置腐蚀受损的关键因素。重视 CO_2的腐蚀问题，选择材质一致的管材，避免电化学腐蚀，并且尽量采用采气通道尺寸统一的管材设备，采取最优弯比的弯头，尽量减少部件之间的空隙等，可以降低采气设备腐蚀、冲蚀风险。

（3）提高固井质量、减少压力激动、优选完井管柱。

该井完井后，在 Φ339.7mm 套管、Φ244.5mm 套管和 Φ177.8mm 套管固井后环空均出现了不同程度的窜气，为 Φ244.5mm 套管破裂埋下了隐患，而生产过程中，在疏通地面采气平台一被堵塞闸阀的瞬间，由于压力激动波及到井口装置及井下管柱，引发了已被腐蚀的油管挂断裂，造成油管断落。因此，对于高压高产气井，应尽量减少压力激动。对具有腐蚀性气质的气井，如果压力高、产量大，应更多地选择具有高压气密封特殊扣型的生产油管，且材质要满足相应的防腐要求。

（4）根据气井产量，优选采气油管直径，减少油管冲蚀。

本井产量为 $40\times10^4m^3/d$，生产管柱为 Φ73mm 油管，存在直径过小的问题，这导致气体流速过快，不仅增大了沿程压力损失，同时也导致油管更容易被冲蚀，与腐蚀作用一起，加速了本井的油管断落。

案例四 DY103 井采气树本体裂纹事故

1. 基本情况

DY103 井是部署在四川盆地龙门山冲断推覆构造带大邑断挡背斜构造南部高部位 f11 与 f1-1 断块内，针对须家河组气藏部署的一口开发评价井，该井于 2008 年 7 月 16 日开钻，

2009 年 2 月 17 日钻至井深 5289.00m 完钻，完井 Φ193.7mm 套管下入 5162.05m。

2009 年 3 月 12 日对裸眼井段 5162.05～5289m 进行测试评价，无气液产出；3 月 26 日打水泥塞封堵裸眼井段，转层至 TX21-1(5074.07～5090.07m)。2009 年 4 月 3 日对 TX21-1(5074.07～5090.07m)层段进行射孔，实射井段为 5074.07～5090.07m，射孔后无液无气产出。2009 年 5 月 15 日，对 5074.07～5090.07m 井段实施了酸化，酸化后无气体产出。2009 年 9 月对 4757.91～4777.91m 井段射孔后压裂测试获天然气产量 $1.5\times10^4m^3/d$。

2009 年 11 月 11 日投产，投产初期产量油套压 33.7MPa/33.8MPa 产气 $1.6\times10^4m^3/d$。截至 2015 年 5 月 23 日，DY103 井油套压 30MPa/32.4MPa 产气 $1.8\times10^4m^3/d$，累产气 $3427\times10^4m^3$，产水 $276.4m^3$。2015 年 5 月 24 日，气井井口装置油管头本体出现裂纹泄漏，后经过压井更换井口装置大四通后恢复正常生产。

2. 事故经过

2015 年 5 月 24 日凌晨 2：50，夜班值班人员在巡查时发现井口油管头底法兰与套压 2 号阀门之间的油管头本体出现裂纹漏气，站场人员立即将详细情况向上级部门进行汇报，及时组织设立站场警示及启动应急预案，做好站场浓度监测及防火措施，实行站场 24h 巡查，发现情况有变及时汇报，并及时组织抢险人员立即赶赴现场进行抢险。

为防止刺漏加大，现场对该井进行了降压加大输气，并及时通知下游用户本井异常及加大输气情况，以保证下游输气调度。该井提产加大输气后，瞬产由 $1.5\times10^4m^3/d$ 提升至 $6\times10^4m^3/d$。5 月 24 日早上 7：00，油套压由泄漏前的 30MPa/32.4MPa 分别降至 22MPa/25MPa，至 5 月 26 日压井前油套压分别降至 6MPa/5.2MPa。

2015 年 5 月 26 日，压井抢险设备及人员准备就绪后，对该井进行放喷压井，经过放喷降压，压井、撤换井口装置油管头及安装采油树、替浆洗井、液氮气举、排液等一系列作业，排除险情，于 6 月 3 日重新恢复了生产，历时 11d。

3. 事故原因

更换后的油管头裂纹经过测量，油管头本体产生 10cm 裂纹。采气树本体出现裂纹是川西地区极其罕见的井控事故，国内外也没有查到此类事故的发生，判断事故的直接原因是油管头本体存在缺陷，出厂后该缺陷未及时发现；管理原因为气井井口因长期承受高压，没有做过腐蚀、探伤检测，导致采气树油管头本体开裂，裂纹逐渐增大而导致泄漏。

4. 事故教训

(1) 在采气树日常的维护保养过程中，要加强观察采油树本体、法兰盘连接等部位的外观检测，发现异常及时处置。

(2) 对高压气井，应严格按照井控设备检测管理条例，定期对井口装置进行质量检测，尤其是高压气井井口装置的检测。

(3) 应按井控规定定期保养和活动采油树阀门，保持井口装置良好状态，阀门开关灵活，出现异常能够快速开关井口。

(4) 在出现重大紧急突发事故时，可越级报告，避免事态进一步恶化，提前做好处置工作。

案例五 XS23-14HF 井采油树阀门故障

1. 基本情况

XS23-14HF 井是部署在川西坳陷新场构造北翼部署的一口水平开发井，位于柏隆镇果树村 15 组。该井于 2013 年 6 月 19 日开钻，2013 年 8 月 4 日完钻，完钻斜深 3620m，垂深 2520.86m，人工井底 3575.00m，完井方式为套管射孔完井。气井采油树型号为 KQ78/65-70/105。

该井压裂后气井于 2013 年 9 月 14 日投产，投产时油套压分别为 22.94MPa/22.19MPa，日产气 $1.7\times10^4m^3/d$。截至 2014 年 3 月 8 日采油树阀门出现故障时，气井油套压分别为 13.07MPa/14.23MPa，产气 $6.03\times10^4m^3/d$，产水 $7m^3/d$。

2. 事件经过

2014 年 3 月 9 日 13：57，XS23-14HF 井站员工在进行例行设备维护保养时，发现 XS23-14HF 井口采油树 5 号阀门(DN65 PN70)无法关闭。这可能导致 XS23-14HF 井井口失控，影响气井日常生产。

根据“井控管理办法”，启动应急预案。

14：00，中心站副站长接到 XS23-14HF 井井站值班员工报警电话。

14：02，中心站副站长将目前情况及应急措施方案，向上级部门进行汇报。

14：10，中心站应急抢险小组成员就位，进行现场警戒。

14：15，关闭 XS23-4HF 采油树 3 号阀门，开启采油树套压压力表泄压孔泄压为零。检查 5 号阀门故障情况，发现无法关闭、阀门卡死。

14：30，应急值班组长到现场组织拆装维护保养 5 号阀门。

18：25，阀门安装复原，开关灵活。阀门恢复正常工作。

3. 事件原因

采油树阀门长时间处于开启状态，阀门腔室内沉淀的污物、杂质较多，阀板表面及腔室内部锈蚀严重，导致阀门卡死，无法关闭和开启。

4. 事件教训

(1) 井控装置井控维护管理不严，未严格执行定期对采油树阀门进行活动的管理要求。根据管理规定，应定期对采油树阀门进行活动，以防长期处于开启或关闭的静止状态导致阀门无法关闭或开启，本次采油树正是因为未定期活动长期开启的阀门，导致阀门无法关闭。

(2) 井口装置应定期加注黄油和注密封脂，以保证井口阀门密封良好，阀门灵活好用，出现问题时方能及时关断井口，防止事故的发生。

(3) 对加砂压裂气井，应经常对采油树的主要阀门进行检查，及时发现问题，及时处理。

(4) 川西气田中浅层气井储层较为致密，气井基本上采用压裂投产，压裂气井生产过程中经常出现井筒中未排净的压裂砂或地层中的压裂砂返出，容易在井口阀门或节流处堆积，因此需经常对阀门及节流元件进行检查，及时发现和处理，避免故障或事故的发生。

案例六　SL6 井井口着火事故

1. 基本情况

SL6 井是一口详探井，1993 年 1 月 12 日开钻，6 月 9 日完钻，完钻井深 3048m，完钻层位大安寨。1994 年 5 月对该井进行完井试油气测试，求得自溢产油量为 1.44 m^3/d。

1994 年 5 月 2 日～2006 年 3 月 6 日生产，关井油压 0.22MPa，套压 1.39 MPa，累计产气 $3.9\times10^4m^3$、产原油 478t。其中，1999 年 10 月～2002 年 9 月安装抽油机进行机抽作业产油，2002 年 9 月由于产能过低拆除抽油机(抽油杆滞留井内)，抽油机拆除后采用套压泄压诱喷方式间歇生产。2006 年 3 月该井上报作为废弃观察井管理，拆除相关生活设施并执行无人值守方式管理(由附近井站代管、每月至少巡检一次、每年根据套压情况放喷泄压一次)。

2. 事故经过

2012 年 7 月 8 日 17：10 左右，站长接到该井附近村民电话，井口发生着火，赶到现场查看后发现井口着火，立即报告队部，队领导根据 SL6 井着火情况，立即启动队级应急预案，并组织抢险组赶赴现场，同时向采气厂、分公司救援中心报警。18：10，地方消防队赶至现场，无法扑灭油气火，对井口进行清水冷却保护油管头。18：40，分公司应急救援中心采气厂相关人员赶至现场，立即组成现场抢险指挥组，制定抢险方案。22：30，强制灭火成功，分两次向环空注入清水实施压井，待井口情况平稳后，更换被损坏的井口装置，7 月 10 日完成井口抢修工作。

3. 事故原因

1）事故直接原因

SL6 井井口抽油杆防喷密封盒盘根密封不严，天然气及原油喷出，形成静电导致着火。

2）事故间接原因

①职工安全意识差、技术素质低，危害识别能力低下。现场巡检人员存在“低、老、坏”现象和“看惯了、干惯了、习惯了”的表现，认为老井无产量、压力低、设备旧，轻微的泄漏不会有多大的问题，对井口的安全隐患缺乏足够的认识。

②安全监督检查人员的责任心不强。未能及时发现隐患并督促整改，安全管理与现场管理脱节，对隐患认识不足，没有针对隐患采取有力的防范措施。

③生产技术管理存在漏洞。对老井生产技术管理针对性较差，有随意性，无指导性和规范性制度文件，以口传形式下达生产指令缺乏严谨性，现场管理现状掌控不足。

④对老区井站，管理干部安全生产意识不强，有重生产轻安全思想。

⑤采气队对应急程序不熟，应急办公室值班接警后，指令传达、报警和预警不到位，事故发生接警后不知该如何行事，应对突发事件准备不足，采气队缺乏应急管理教育培训。

4. 事故教训

事故暴露出采气厂在长停井管理方面存在诸多问题，没有将安全工作落实到生产的全过程，落实到每一个工作环节。

案例七　DP12 井事件

1. 基本情况

DP12 井位于新都区三河镇松柏村二组，是凤凰山鼻状构造轴部布置的一口评价井。该井于 2001 年 10 月 6 日开钻，10 月 27 日完钻，完钻井深 1307m，完钻层位为蓬二段。该井完钻后曾进行了完井测试，在 1234～1239m、1246～1253m 井段获天然气产量 $0.8682\times10^4 m^3/d$；而测试证实 1153～1165.5m、984～991.5m 井段均为含气水层，由于不具备投产价值而未投产，作为边缘未投产井管理。

2. 事件经过

2006 年 1 月 22 日，员工巡查发现采油树左翼套压拷克漏气，下午 3：30 员工到井场更换考克，检查关闭两个套压闸门后，打开考克泄压放空，在卸下考克后，考克接口处突然发生天然气泄漏，由于该井采油树左翼两个套压阀门均失效，虽然阀门关闭，但气流仍未关住，泄漏严重，由于套压高达 13.6MPa，气流量大，现场无法控制。

管理区领导小组接报后，向上级汇报的同时立即赶赴现场，到达现场后小组立即对现场周边情况进行警戒和控制，在当地政府的支持、配合下紧急疏散周围群众。同时积极协调准备抢险材料，制定抢险方案。

上级领导及管理部门负责人迅速赶到现场，决定采用泄压点火方案并指挥现场抢险，根据抢险方案当日晚上 21：45 放空点火成功，使该井压力迅速降低，成功进行了压力表考克及阀门更换，实现了气井成功控制。

3. 事件原因

（1）直接原因是采油树左翼两套压闸门失效所致。

（2）间接原因是巡查员工安全意识不强，井控意识较差，准备工作不到位，对漏气考克之前的两套压闸门关闭是否有效判断失误，风险识别不到位，在没有确保考克泄压完全的情况下盲目卸下考克，导致失控。

（3）管理原因是平时对长停井井口装置闸门维护保养不到位，未能发现套压阀门失效。

（4）员工对更换井口阀门、考克操作规程不熟悉，更换压力表考克时未判断压力是否泄压到零，压力表考克还有较大气流就进行危险更换，导致无法控制。

4. 事件教训

（1）现场应严格进行未投产井及停产井井口装置定期的巡查及维护保养。

DP12 井在 2001 年就完成了钻井和测试，作为未投产井，直到 2006 年底巡查时才发现井口左翼套压压力表考克漏气，且一直未发现采油树左翼两个套压阀门无法关严，直到出现卸下压力表考克发现漏气严重无法控制时才知道套压阀门失效，说明在以前的井口巡查及维护保养管理存在空档。

（2）急需加强对现场操作人员规范操作的培训，提高操作水平。

从现场操作来看，现场操作人员关闭采油树左翼套压阀门后不知道关闭是否有效就进行压力表考克泄压，从泄压过程中应该可以判断出套压阀门是否关闭严实：若压力表考克长时间泄压不成功或压力表泄压不为零，就能判断阀门关闭不严，就不能进行拆卸考克。但操作人员未做到这些就拆卸压力表考克，这是典型的违规操作，卸下考克后导致由于气流大无法控制。说明现场人员操作能力差，急需加强操作业务培训。

（3）加强未投产井、停产井的管理及应急管理培训。

本次事件处置过程中，管理区、中心站均没有针对长停井、未投产井的专门的应急预案，出现问题时到现场才临时讨论和制定处置方案。在发生紧急事故时，为了提高对突发事件的整体应急能力，确保应急工作高效、有序的进行，有效地保护群众和员工的生命及财产安全，最大限度地降低或减少紧急事故造成的危害和不良后果，应加强未投产井、停产井应急管理，制定针对性的井控应急预案，并加强对员工应急预案的培训及演练。

（4）加强井控应急物资的储备，并定期维护。

本次事件处理过程中，气井泄压放空点火的泄压管线、地锚、管卡、警戒物资、防爆应急灯等材料均未及时协调从其他单位及时调用，导致整个处置时间长，影响较大。因此，对于未投产井或边缘停产井，采气单位应根据气井压力情况，储备一定数量的应急抢险物资，如抢险放喷用的管汇台、快速连接的管线、地锚、管卡、防爆工具、灭火器、防火服、点火装置等，并定期进行井下维护，以便能快速应用。

（5）建立和完善包括边缘井、停产井、已封井及未投产井的井控管理制度体系，并严格组织实施。

建立完善的井控管理制度，并加强制度执行的管理，从组织、管理、物资保障及人员管理和培训等方面满足井控管理需要，从根本上做好井控管理。

案例八　CY189 井井口泄压事件

1. 基本情况

CY189 井是金马鼻状构造轴线上的一口普查勘探井。该井于 1997 年 3 月 16 日开钻，同年 7 月 4 日完钻，完钻井深为 2471.65m。采油树型号为 KQ60/65。井身为 Φ23mm 节流启动器+Φ73mm 油管+Y344-148 封隔器+Φ148mm 水力描+Φ73mm 油管柱+油管挂，封隔器坐封井深 2180m，避开套管接箍。油管底界下至 2215m，于 1999 年 11 月 11 日投产，初期油压 5.6MPa、套压 20MPa，产气量仅为 30m^3/d，于 2004 年 3 月气井能量自然衰竭，进行临时封井，井场无流程，井场附近 300m 内无居民。

2. 事件经过

2016 年 3 月 31 日 9 时，巡井人员对该井进行例行巡查发现油套压 1.5MPa/21MPa，环空起压 2.5MPa。根据井控管理办法，启动应急预案。生产运行中心管理员接到报警电话，发出井控预警；管理区经理将 CY189 井的超压情况和泄压计划上报厂应急值班电话；MP13 中心站应急抢险小组成员就位，中心站长组织巡井员工做好现场应急警戒；10：45，应急物资抢险车及区主管领导抵达现场开始应急抢险工作；14：30，连接好泄压管线对 CY189 井开始套管泄压；16：10，CY189 井泄压完成(图 6-6)。

图 6-6 现场泄压

3. 事件原因

（1）主要原因为早期封井工艺较为落后，未有效对气井产层气封堵，导致环空及井口起压。

（2）次要原因为管理区巡井人员没有及时发现气井起压，导致起压压力持续升高。

（3）客观原因为井场无流程，无法及时进行泄压操作。

（4）管理原因为管理单位对应急管理制度执行不严，应急值班办公室白天无专人值守，易漏接电话，没有记录每天该井的油套压及环空压力变化情况，值班人员对应急值班汇报流程不熟悉，区部人员应急抢险意识不足，未引起足够重视。

4. 事件教训

1）封井管理方面

（1）对于早期实施封井作业的起压气井没有开展风险识别，没有制定防控方案及处置措施。

（2）巡井人员没有按照井控管理规定开展已封井巡查工作，没有按要求填写巡检记录。

2）现场管理方面

（1）区部、中心站均没有针对已封井泄压的应急预案及事故汇报流程。

（2）现场负责警戒的人员未安排车辆摆放，易堵塞应急通道。

3）设备管理方面

（1）应急物资未按要求归类和挂牌，摆放凌乱，拖延了应急物资装车时间。

（2）泄压现场情况复杂，未准备充足的油管弯头。

（3）高压管线未编号区分，拖延了管线连接准备时间。

4）加强与地方政府的交流与协作，做到重大事件企地联动

未与当地政府交流充分，政府内部应急程序不清楚，未做到油地应急联动。

参 考 文 献

[1] 钟孚勋．四川盆地天然气开发实践与认识[J]．天然气工业，2002(增刊)：8-10.

[2] 金忠臣，杨川东，张守良，等．采气工程[M]．北京：石油工业出版社，2004.

[3] 杨川东．采气工程[M]．北京：石油工业出版社．

[4] 白玉，王俊亮．井下作业实用数据手册[M]．北京：石油工业出版社，2007.

[5] 编撰委员会．中国油气田开发志华北(中国石油)油气区卷[M]．北京：石油工业出版社，2011.

[6] 编撰委员会．中国油气田开发志西南(中国石化)油气区卷[M]．北京：石油工业出版社，2011.

[7] 赵哲军，杨逸．低压气井泡沫排水适应性分析[J]．内蒙古石油化工，2009(1)：28-31.

[8] 编撰委员会．中国油气田开发志西南(中国石油)油气区卷[M]．北京：石油工业出版社，2011.

[9] 编撰委员会．中国油气田开发志大庆油气区卷[M]．北京：石油工业出版社，2011.

[10] 喻欣．球塞连续气举注采系统智能测控方法[J]．天然气工业，2004，24(增刊B)：87-89.

[11] 刘永辉．单管球塞连续气举排水采气应用基础研究[D]．成都：西南石油大学，2005.

[12] 杨正文．影响中35井连续气举稳定性的因素分析[J]．天然气工业，2001：118.

[13] 苏月琦，汪海，汪召华，等．气举阀气举排液采气工艺参数设计与优选技术研究[J]．天然气工业，2006，26(3)：103-106.

[14] 杨川东，卢国富．四川气田采气工艺技术及发展方向[M]．四川盆地不同类型油气藏开发技术论文集．1997.

[15] 詹姆斯·利，亨利·肯尼斯，迈克尔·韦尔斯．气井排水采气[M]．北京：石油工业出版社，2009.

[16] 曾自强，张育芳．天然气集输工程[M]．北京：石油工业出版社．2001.

[17] 刘祎，王登海．苏里格气田天然气集输工艺技术的优化创新[J]．天然气工业，2007，27(5)：139-141.

[18] 冉新权，李安琪．苏里格气田开发论[M]．2008.

[19] 陈赓良．天然气采输过程中水合物的形成与防止[J]．天然气工业，2004，24(8)：89-90.

[20] 姚慧智，魏鲲鹏，古小红，等．高含硫化氢气井水合物的预测及防治[J]．断块油气田，2011，18(1)：107-109.

[21] 陈慧芳．天然气水合物抑制剂[J]．石油与天然气化工，1993，22(3)：180-181.

[22] 戚斌．含硫气藏天然气水合物生成预测及防治[J]．天然气工业，2009，29(6)：1-2.

[23] 汤林．油气田地面工程标准化设计的实践与发展[J]．油石油规划设计，2009，(2)：1-3.

[24] 冉新权．苏里格气田地面系统标准化建设[J]．石油规划设计，2008：1-4.

[25] 张箭啸．长庆油气田地面系统标准化设计及应用[J]．石油工程建设，2010：92-95.

[26] 冉新权．关键技术突破．集成技术创新实现苏里格气田规模有效开发[J]．石天然气工业，2007：1-5.

[27] 李春田．标准化概论[M]．北京：中国人民大学出版社，2005.

[28] 庞志庆．大庆油田标准化设计的发展及认识[J]．石油规划设计，2009(2).

[29] 阮丹．浅析气田标准化造价管理存在的问题及对策[J]．中国石油和化工标准化与质量，2009(9).

[30] 苏建华，许可芳，宋德琦，等．天然气矿场集输与处理[M]．北京：石油工业出版社，2004.

[31] 付建民．高含硫天然气湿气集输管道系统运行风险评价及控制[D]．2010.

[32] 王春瑶，刘颖．气田集输工艺的选择[J]．天然气与石油，2006，24(5)：25-31.

[33] 汤晓勇，宋德琦，边云燕，等．我国天然气集气工艺技术的新发展[J]．石油规划设计，2006(3)：11-15.

[34] 刘武，徐源．气田集输管网优化运行方案[J]．油气储运，2010，29(7)：501-504.
[35] 杨光，刘祎．苏里格气田单井采气管网串接技术[J]．天然气工业，2007，27(12)：128-129.
[36] 王荧光．苏里格气田苏10井区地面建设优化方案[J]．天然气工业，2009，29(4)：89-92.
[37] 方亮．地下储气库储采技术研究[D]．硕士，2003.
[38] 杨伟，王雪亮．国内外地下储气库现状及发展趋势[J]．油气储运，2007，26(6)：15-19.
[39] 王莉华．城市燃气调峰的探讨[J]．内蒙古石油化工，2007，(9)：64-65.
[40] 吴洪波，何洋．天然气调峰方式的对比与选择[J]．天然气与石油，2009(5).
[41] 洪丽娜，陈保东．城市燃气储气调峰方式的选择与分析[J]．管道技术与设备，2009(5)：54-57.
[42] 徐发忠，董事尔．高压地下储气井的储气规模[J]．煤气与热力，2008，28(5)：4-6.
[43] 肖平华．地下储气井在城镇天然气储配站中的应用[J]．城市燃气，2010，420(2)：9-11.
[44] 杨光炼，赵锐，油气集输管网规划现状[J]．油气储运，2006，25(9)：9-13.
[45] 集团公司井控培训教材编写组．采油采气专业人员井控技术[M]．东营：中国石油大学出版社，2013.
[46] 徐进，陆上采气[M]．东营：中国石油大学出版社，2015.
[47] 李俊荣．含硫油气田硫化氢防护系列标准宣贯教材[M]．北京：石油工业出版社，2005.
[48] 沈琛．试油测试工程监督[M]．北京：石油工业出版社，2005.
[49] 李敏捷．现代井控工程关键技术实用手册[M]．北京：石油工业出版社，2007.
[50] 张桂林，张之悦，颜廷杰．井下作业井控技术[M]．北京：中国石化出版社，2006.
[51] 李克向．实用完井工程[M]．北京：石油工业出版社，2002.
[52] 于万祥，武金坤．井控技术[M]．北京：石油工业出版社，1992.
[53] 孙振纯，夏月泉，徐明辉．井控技术[M]．北京：石油工业出版社，1997.
[54] 石油工业出版社．采气测试工(上册)[M]．北京：石油工业出版社，2005.
[55] 石油工业出版社．采气测试工(下册)[M]．北京：石油工业出版社，2005.
[56] 刘万赋，吴奇．井下作业监督[M]．北京：石油工业出版社，1997.
[57] 中国石化油〔2015〕374号中国石化井控管理规定，2015.
[58] 西南局〔2015〕174号西南石油局西南油气分公司井控管理实施细则，2015.
[59] 局工单安环〔2012〕15号西南石油局西南油气分公司井控技术实施细则，2012.
[60] 孙振纯．井控技术[M]．北京：石油工业出版社，1993.
[61] 华北石油管理局井控技术培训中心．井下作业井控技术[M]．北京：石油工业出版社，2005.